图说海洋

武鹏程◎编著

人一生不可错过的绝美海湾

海洋出版社
北　京

图书在版编目(CIP)数据

人一生不可错过的绝美海湾 / 武鹏程编著. — 北京: 海洋出版社, 2022.9

ISBN 978-7-5210-0968-2

Ⅰ.①人… Ⅱ.①武… Ⅲ.①海湾–普及读物 Ⅳ.①P72-49

中国版本图书馆CIP数据核字(2022)第114886号

人一生不可错过的

绝美海湾

REN YISHENG BUKE CUOGUO DE JUEMEI HAIWAN

总 策 划：刘　斌
责任编辑：刘　斌
责任印制：安　淼
排　　版：申　彪

出版发行：海洋出版社

地　　址：北京市海淀区大慧寺路8号
(716房间)
100081

经　　销：新华书店
技术支持：(010) 62100055

联系方式：(010) 62100090 (发行部)　(010) 62100072 (邮购部)
(010) 62100034 (总编室)
网　　址：www.oceanpress.com.cn
承　　印：鸿博昊天科技有限公司
版　　次：2022年9月第1版
2022年9月第1次印刷
开　　本：787mm × 1092mm　　1/16
印　　张：14.75
字　　数：295千字
印　　数：1～4000册
定　　价：58.00元

本书如有印、装质量问题可与发行部调换

前　言

在海水侵蚀下，部分海岸线上的陆地凹了进去，形成了一片三面环陆的海域，这就是海湾。在全球漫长的海岸线上拥有数不清的海湾，有的人文色彩浓厚，有的自然景色绝美，有的是鲸、企鹅的乐园，有的是落日、大潮的最佳观看地。

在亚洲，有“让世界黯淡的缤纷海湾”青岛湾、“会唱歌的沙滩”清水湾、“天下第一湾”浅水湾、“海上桂林”下龙湾和“阿拉伯海之皇后”科钦湾等。

在非洲，福尔斯湾、桌湾、蚝湾、鲸湾、三明治湾和海豚湾，向人们展示独特的热带海洋风情。

在美洲，有“美丽深邃的蓝色宝石”蒙特雷湾、“被陨石砸出来的海湾”切萨皮克湾、“野生动物庇护所”瓦尔德斯海湾、“冷酷仙境”巴芬湾和“世界上最高的潮汐所在地”芬迪湾等。

在欧洲，有“最具情调的海湾”巴塞罗那湾、“世界上最多彩的海湾”奥尔塔湾、“地中海的心脏”瓦莱塔湾、“纤尘不染的希腊蓝宝石”沉船湾和“唯美的法式海湾”索姆湾等。

即使在大洋洲和南北极，也有酒杯湾、火焰湾、鲨鱼湾、金海湾、天堂湾、威廉王子湾和福斯塔湾等景色绝美、独具个性的海湾。

每一个海湾都是一首诗，让人惊艳与着迷，海洋也因此呈现别样的美丽。

本书由武鹏程编著，郑玉洁、武寅、赵海风、赵兴平、徐东升、郑亭亭、郑爱华等参与编写。

目 录

亚洲篇

非洲篇

大洋洲篇

美洲篇

欧洲篇

南北极篇

亚洲篇

让世界黯淡的缤纷海湾

青岛湾

波光粼粼的青岛湾，诉说着青岛的百年风骨。日出日落的光，一层层、犹如潜龙和游鱼般缓缓推开，又似一册摊开的线装古书，装满了城市故事，铺展在无尽延展的时空里。

[章高元]

1892 年，清政府青岛建置第一任总兵章高元命人在青岛湾搭起了一座铁木结构、以木铺面的栈桥，其长约 200 米，专供装卸军用物资之用。

青岛湾位于青岛市西南端，西起团岛，东至小青岛，北接青岛老城区中心，南连胶州湾口。

"前海沿儿"就是青岛湾

青岛人习惯把老城区南向、面海的一带称为"前海沿儿"，而"前海沿儿"就是青岛湾。

自古以来，青岛湾就一直有人类活动。在明朝中叶，青岛湾更是作为商贸港，变得非常活跃。到了清朝，青岛湾更是有了军事功能，在码头附近设有海防设施。1897 年德国侵占青岛后，在青岛湾周边大兴土木，逐渐形成以红色的陶土瓦为屋顶的德国中世纪

[青岛湾美景]

青岛湾每年接待市民和游客数千万人次，高峰时日接待量达数十万人次。1992 年，青岛湾景区被青岛市民和游客评为"青岛十大景观"之一。

[青岛栈桥]

青岛栈桥如一首诗：烟水苍茫月色迷，渔舟晚泊栈桥西，乘凉每至黄昏后，人倚栏杆水拍堤。

建筑风格建筑群，从此奠定了青岛百年的城市颜色。

20 世纪初，随着大、小港码头的建成并投入使用，青岛湾的港口作用逐渐减退。青岛湾有绚丽的风景，这里水天一色，青岛栈桥与小青岛交相辉映，岸边各具特色的红瓦建筑，参差错落地建在海岬坡地，是青岛著名的海滨风景名胜地。

2007 年 10 月，世界最美海湾组织在第四次全体大会上一致认可了青岛湾整体的优美程度，将青岛湾评为“世界最美海湾”之一。

青岛栈桥，如弯月一般探入海湾

青岛栈桥位于青岛中山路南端，全长 440 米，宽 8 米，栈桥采用的是钢混结构，桥身从海岸上探入青岛湾的深处，如弯月一般。

据记载，青岛栈桥始建于清光绪十八年（1892 年），当时清政府为便于军需物资的运输，建了两座码头，其中一座就是青岛栈桥，1893 年竣工。这是最早的军事专用码头，也是青岛的标志性建筑。

青岛栈桥南端为半圆形防波堤，堤内建有“青岛十景”之一的回澜阁。桥北沿岸为栈桥公园，园内设有石椅，种植着各种花草树木。

[回澜阁牌匾]

回澜阁牌匾上的三个大字，最初是由“中华民国”时期的青岛市市长沈鸿烈题写的，在日本第二次占领青岛时被掠夺走。

中华人民共和国成立后，回澜阁再次修建，经多方寻找均未找到原来的牌匾，如今的牌匾是由著名书法家舒同所写。

回澜阁，一窗一景

1931 年，当时的青岛市政府为适应旅游需要，

[小青岛，长长的海堤与陆地相连]

小青岛原来叫青岛，因为岛上常年林木葱郁。1914年日本占领青岛后，曾改名为加藤岛，当地居民习惯称为"小青岛"。

扩修了青岛栈桥，并在栈桥最南端防波堤上修建了回澜阁，这是一座由24根红漆柱子支撑、琉璃瓦覆盖的双层飞檐八角凉亭，亭内有螺旋形楼梯通往楼上阁楼，楼上八个方向的窗户均为玻璃窗，每一个窗外的景色都不一样，可以说是一窗一景，一景一画。

小青岛，上天赐予的一处净土

小青岛又名琴岛，位于青岛湾内，与青岛栈桥隔海相望，在回澜阁的对面。

[小青岛]

小青岛的面积仅为0.012平方千米，海拔17.2米。因其形状如同一把古琴，故又有"琴岛"之称。

[小青岛灯塔]

该灯塔高16.5米，清光绪二十六年（1900年）由德国人建造，塔内装有反射镜，并以旋转式闪光灯发光，能照到15海里远的地方。"茫茫海湾有红灯，时明时灭自从容，翠岛白塔沐夜色，琴屿飘灯传美名"形容的就是小青岛灯塔，这也是"青岛十景"之一的琴屿飘灯。

小青岛距离海岸720米，有长长的海堤与陆地相接。最高处有一座清光绪二十六年（1900年）建造的白色八角形灯塔，是船只进出胶州湾和青岛湾的重要航标。中华人民共和国成立后，有关部门对灯塔进行了大规模修建，如今是青岛的重点保护文物。

与其说小青岛是一处景点，不如说是上天赐予青岛人的一处净土，这里有安静的小公园，虽无过人景致，却显得格外惬意。

青岛湾除了有青岛栈桥、回澜阁、小青岛外，还有很多有名的景点，如海军博物馆、古老繁华的中山路、青岛栈桥西边的沙滩海水浴场、青岛餐饮特一级店海上皇宫、俗称“亨利王子饭店”的栈桥宾馆等。

青岛湾以独特的建筑景观令人流连忘返，从近代的军事港口到如今的旅游胜地，青岛湾见证了青岛百年来的沧桑历史。

［琴女塑像］

琴女爱上渔夫

相传，天庭中一位琴女爱上了一个年轻、勤劳的渔夫，她悄悄下凡与渔夫结为夫妻，小两口恩恩爱爱，渔夫出海打鱼，琴女就在小岛上弹琴，用琴声为爱人导航。

玉皇大帝得知后大怒，指派天兵欲捉琴女回去问罪，琴女对爱情至死不渝，殉情在小岛上。

［栈桥宾馆］

栈桥宾馆

栈桥宾馆位于青岛栈桥以东，始建于1911年，由德国建筑师库尔特·罗克格、保尔·弗里德里希·里希特设计，为典型的德国古典式建筑。在德国占领青岛期间，当时德皇的弟弟海因里希亲王多次下榻于这座饭店，因而俗称“亨利亲王大饭店”或“亨利王子饭店”，号称“东亚第一馆”。除此之外，曾下榻于这座饭店的还有当时的德国墨克连堡亲王、清朝邮部大臣盛宣怀。1922年8月，孙中山也曾下榻于此饭店。

东方瑞士

汇泉湾

青岛是一座迷人的城市，海岸线曲曲折折，一个又一个精巧平静的海湾随意散落其间，汇泉湾就是其中之一：踩着这里沙滩上的松软细沙，笑声和海浪声交织在清新的海风里，是一个让人来了就不想走的地方。

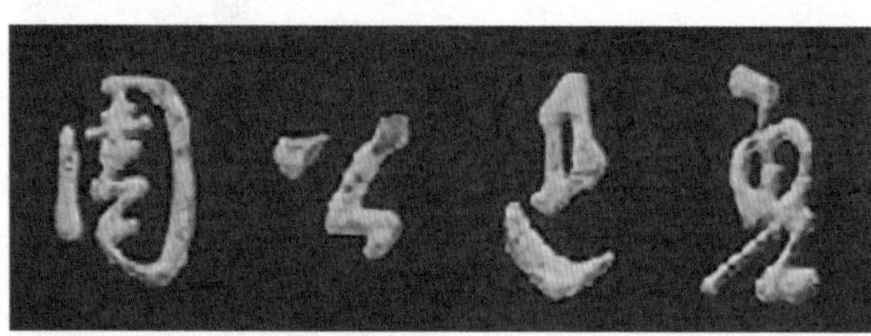

[鲁迅公园牌坊]

鲁迅公园于1998年被评为“青岛市十佳旅游风景点”，2001年被评为“市民最喜爱的旅游景点”。该公园正大门牌坊的正面是由鲁迅先生的手书拼成的4个大字“鲁迅公园”。背面为当代碑帖鉴赏家郑世芬于1932年所题的“蓬壶胜览”4个大字，“蓬”指蓬莱，“壶”指方壶，都是传说中神仙居住的地方，意思是鲁迅公园的景致可以同“蓬壶”仙境相媲美。

汇泉湾西起青岛湾内的小青岛，东至汇泉角，沿着青岛湾的滨海观光路向东前行，就能到达汇泉湾。汇泉湾风光旖旎，有著名的青岛鲁迅公园、海产博物馆、青岛水族馆、青岛第一海水浴场、汇泉炮台遗址等，被市民和游客评选为“青岛十大景观”之一。

青岛鲁迅公园

青岛鲁迅公园始建于1929年，有“山穷路断疑断崖，

[汇泉湾美景]

[鲁迅公园美景]

临岸回折又一景”的情趣，被称为汇泉湾的第一景点，也是青岛最具特色的临海公园。

该公园西邻小青岛，东接汇泉湾第一海水浴场，海岸东西伸展，长约 2 千米，北侧有景色秀丽的小鱼山公园，南侧为碧波荡漾的汇泉湾，公园占地面积为 4 万多平方米。这是一个兼有园林美和自然美的风景区，红礁、碧浪、青松、幽径，亭榭逶迤多姿，山光水色，淡雅清新，景色十分迷人。

[公园内鲁迅的诗句]

青岛水族馆

青岛鲁迅公园的中部有一座具有民族建筑风格的楼阁，这便是被蔡元培誉为“吾国第一”的青岛水族馆。该馆于 1932 年建成，已有 90 年历史了，是我国第一座由中国人设计建设的水族馆，也是中国现代水族馆和海洋科学研究事业的摇篮。

如今，青岛水族馆是一座海洋生物大展厅，各种海洋生物应有尽有，游客置身其中，犹如身处真实的海洋世界，徜徉于各种海洋生物之间，自然而然地感受到海

[青岛水族馆]

[抹香鲸标本]

洋生物的神奇，体会人与海洋的和谐相处。

青岛水族馆中藏有 2 万余件海洋生物标本，馆藏数量居全国同类科普场馆之首，是全国唯一的海产博物馆，其中硕大的抹香鲸标本是最具特色的展品。

青岛水族馆不仅有海洋生物，还有淡水生物的展厅，以展出淡水鱼类为主，包括我国历史上有名的四大家鱼；分布于长江流域的大型鱼类等；来自世界各地的名贵热带观赏鱼，如巨骨舌鱼、金龙鱼；以及国家一级保护动物扬子鳄和国家二级保护动物娃娃鱼等。

青岛海底世界先后荣获“‘魅力青岛’2004 年最受欢迎的青岛旅游景点”“山东省最受市民欢迎的十大旅游景区(点)”“山东省最具潜力的旅游景区(点)第一名”“山东十大魅力景点”等荣誉。

青岛海底世界主标识被认定为山东省著名商标。

青岛海底世界

青岛海底世界是在青岛水族馆的基础上建成的，它整合了青岛水族馆、标本馆、淡水鱼馆等原有的旅游资源，与依山傍海的自然美景相融合，形成“山中有海”的奇景。它主要由潮间带、海底隧道和地下四层观光建筑三大部分构成，展示部分完全在地下，是国内独具特色的海洋生态大观园，成为青岛黄金海岸线上一道亮丽的风景线。

青岛第一海水浴场

青岛第一海水浴场位于汇泉湾东部，是一个三面环山的小海湾，拥有长 580 米、宽 40 余米的沙滩，滩平坡缓，沙质细软，水清波小，沙滩周边绿树葱茏，作为海水浴场，自然条件极为优越。

[青岛第一海水浴场]

青岛第一海水浴场是亚洲最大的沙滩浴场，浴场的各种建筑设计新颖，造型别致，是人们避暑的好去处。

汇泉炮台遗址

汇泉炮台遗址位于汇泉湾最东端的汇泉岬角处，旧时称为“会全废垒”。

汇泉炮台建于德国占领青岛初期，是德军在青岛的最大防御工事，当时整个汇泉岬角都被德军用石块垒砌成军事禁地，炮台内设 5 门加农炮，自岬角中部有隧道可进入堡垒内部地室，地室中各种生活、工作设施齐全，如电灯、桌椅，还有用于运输弹药、粮草的铁轨等。整个堡垒在日德青岛之战中毁坏，变成遗迹，成为徒步野游的乐园，素有“古堡凭吊”“古垒斜阳”“会崎松月”之誉。

[老照片：德军在修建汇泉炮台]

1949 年青岛解放后，该炮台遗址一直属于军事禁区。1984 年，青岛市政府将其列为市级文物保护单位。现炮台遗址内林木葱郁，环境幽雅，炮位上只剩空荡荡的一圈石砌的环状掩体，只有炮台的地下掩蔽部保存尚好。

[老照片：汇泉炮台上的加农炮]

汇泉湾内除了青岛鲁迅公园、海产博物馆、青岛水族馆、青岛第一海水浴场、汇泉炮台遗址之外，还有很多美景，如小鱼山公园、汇泉广场、东海饭店等，均分布于此湾沿岸，与青岛湾海岸一起构成了青岛旅游的黄金海岸线，有“东方瑞士”“亚洲的日内瓦”的美誉。

黄海之滨，人文仙境

仰口湾

它有“仙山胜境、洞天福地”的美誉，“山海相连，海天一色，黄海之滨，人文仙境”这句话描写的便是这里的美景。

[崂山绿石]

崂山绿石产于山东省青岛崂山东麓仰口湾畔，佳者多蕴藏于海滨潮间带。我国著名书画家刘海粟曾在90岁寿辰时得到一方崂山绿石，他高兴地说：“千金易得，一石难求！”由崂山绿石雕琢的工艺品很有收藏价值，深受中外游客的青睐。

仰口湾位于青岛崂山景区，从崂山太清宫、棋盘石沿滨海的环山公路或滨海大道，经崂山劈石口均可到达仰口的崂山脚下：一边是新月形的仰口湾；一边是群峰峭拔的崂山。

美玉绿如墨

仰口湾三面靠山，东临大海，海湾沙滩坡度平缓，长约2.2千米，金灿灿的沙滩平坦且细软。在白帆点点海云间有三座海岛，分别叫“大管岛”“小管岛”和“兔子岛”。

在仰口湾，如果有缘的话，还可邂逅

[海市蜃楼]

[仰口湾]

仰口海水浴场位于崂山东北麓，南北分别为泉岭和峰山，沙滩宽阔平缓，长约1200米，沙质细软，海水清澈。

清代著名翰林尹琳基笔下描写的奇异神秘的“海市蜃楼”自然景观。

仰口湾除了有海天一色的美景之外，还有绿如墨的美玉，在湾畔有两条颜色特异的石脉蜿蜒入海中：一条偏向东南方，石质稍软，颜色呈翠绿；一条偏向东方，石质稍硬，颜色呈墨绿。石脉越深，质地越好，色泽越纯，这就是有名的崂山绿石，又名崂山绿玉，俗称海底玉。

仰口景区的主峰在崂山众山峰之中海拔不是很高，只有大约400米，身强力壮的年轻人只需花50多分钟就能登顶。

说到青岛崂山，大家一定会想到崂山啤酒、崂山矿泉水。

仰口的传说

相传，古时候有位年轻樵夫上山砍柴，望见棋盘石上有两位老者在下棋，只见棋子在棋盘间飞来飞去，但始终未见两位老者动手，也未听到老者言语。

樵夫见棋子瞬息万变，一时入迷，未有去意，一会儿之后，一位老者对樵夫说：“快回家吧，小兄弟，年代很久了。”樵夫不解，回到家中见自家房屋早已破败不堪，更不知亲人去向何处，樵夫如梦初醒，明白了“年代很久了”的含义。

于是他追到海边，见两位老者已脚踏浪尖飘然东去。樵夫急忙叫道："仙师，等等我！"仙翁回头笑道："你若能跟上来，便带你走！"

樵夫奋力朝海中追去，脖子、下巴被海水淹没，他在水中拼命挣扎，仙翁见樵夫诚意甚坚，便说道："仰口，仰口。"樵夫闻声仰起口来，刹那间身体飞升起来，紧随仙翁身后，升仙而去。这里也就成了"仰口"。

华盖迎宾

仰口湾有崂山仰口风景区的入口，如果身体条件允许，建议选择亲自登山，沿途风景很美，坐缆车会错过很多美景。这里最有名的景点就是太平宫，这是一座道观，是善男信女祈祥纳福的宝地。

[石阶右侧石刻：华盖迎宾]

进入景区，沿着苍松翠竹掩映的石阶往上走，会看到石阶旁各有一棵300多岁的赤松，就像是在欢迎远道而来的客人。据说，这是在明末清初重修太平宫时栽种的，因其树冠繁茂，如同华盖，故称为"华盖迎宾"。在两棵赤松旁的巨石上分别刻有"疑是幻境""华盖迎宾"几个字，这是"仰口八景"之一。沿石阶而上就是太平宫的宫门了。

[太平宫山门]

太平宫

太平宫始建于宋代建隆元年（960年），是宋朝开国皇帝赵匡胤敕封崂山道士刘若拙为"华盖真人"后拨款修建的。

在崂山现存的寺观中，太平宫是有史料可考的最古老的道观。

相传，陈桥兵变后，赵匡胤做了皇帝。为了粉饰太平，他便请得道高人刘若拙进京谈玄论道，刘若拙还山时，赵匡胤敕封他为“华盖真人”，并拨巨款敕令他回山重修太清宫，新建上清宫和上苑宫，连后面那座山也命名为“上苑山”，意为皇上所赐。太清宫竣工后，赵匡胤已驾崩，新皇帝赵光义继位，改年号为“太平兴国”，上苑宫也更名为“太平兴国院”。南宋末年，位于杭州的都城被元军攻下，南宋皇妃谢丽、谢安逃到太平兴国院后面的塘子观出家修道，此后“太平兴国院”更名为“太平宫”，并一直沿用至今。

[太平晓钟]

太平宫东院亭子内悬吊的铜钟是清光绪十八年(1892年)重铸的，四面分别铸刻着“五谷丰登”“风调雨顺”“万古千秋”“八方大吉”字样。下面刻着八卦图，象征天、地、雷、风、水、火、山、泽8种自然现象。每当清晨敲钟时，因山间寂静，空谷回音，清脆洪亮的钟声余音经久不息，这一景观称为“太平晓钟”。

[海上宫殿]

太平宫照壁上的“海上宫殿”4个大字，据说是修建太平宫时宋太祖敕封的，题字为清朝华世奎手书真迹。

白龙洞

白龙洞位于仰口景区太平宫北边的白龙涧内，相传在山洼中有洞，洞前有一个深潭，潭中有一条白鳝在此修炼，一直无法修成正果。一日，张果老骑着毛驴路过此地，顺手点化了白鳝，白鳝因此变成了一条白龙腾空而去。

从此山洞被称为“白龙洞”，张果老经过的桥称为“仙人桥”，洞外潭为白龙涧和白龙潭（湾）。张果老倒骑着的那头毛驴，还在桥

崂山最盛时有“九宫八观七十二庵”，如今尚存太清宫、太平宫、华楼宫、白云洞等多处宫观或遗址。

[狮子峰]

狮子峰位于崂山仰口景区内的太平宫东北，因峰顶巨石背山面海，像一头威猛凶悍的张口雄狮傲视沧海群山而得名。仰口有两个地方可以看日出：一个是狮子峰，另一个就是仰口海滩，建议提前一天住到这里的旅馆、民宿。

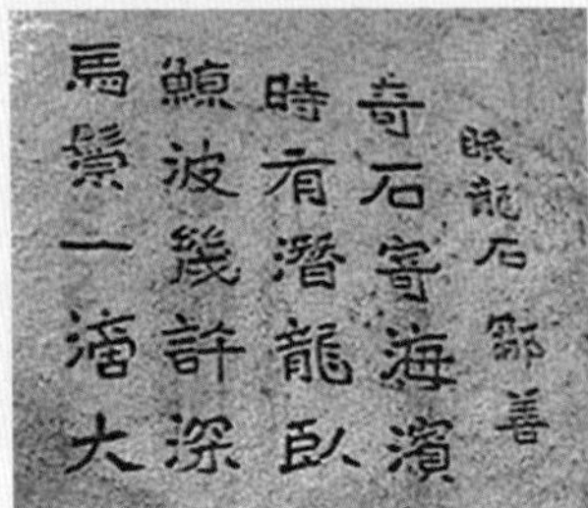

[眠龙石]

巨石上的裂缝把巨石一分为二。从上往下看，上面的一块宛如一条龙睡在石上，因此得名“眠龙石”。传说这条“睡龙”偷喝了王母娘娘的三坛美酒，因醉酒而眠。王母娘娘知道后火冒三丈，把它贬到人间，龙涎泉是它酒醉未醒时从口中淌出来的口水。

边石头上留下了“蹄印”，现在仍清晰可见。

崂山形成于亿年前的白垩纪，经过漫长的岁月形成了雄伟、壮观、奇特、秀丽的地貌形态。这里有故事、传说或刻石的洞窟很多，如犹龙洞、混元石、眠龙石、鳌老龙苍、寿字峰、觅天洞、神龟探海等。

[龙涎泉]

太平宫西院中这口泉名叫“龙涎泉”，是崂山名泉之一，大旱三年水不涸，大涝三年水不溢，水质清冽甘醇。

[仙人桥]

远离喧嚣与繁闹的新去处

海棠湾

海棠湾远离三亚市中心，少了城市的喧嚣与繁闹，多了一份原生态的美丽与安宁，是欣赏热带岛屿风光的不二之选。

海棠湾位于海南省三亚市东北部海滨，距三亚市区 28 千米，是三亚市的东疆门户。其东北与陵水县接壤，西北与保亭县毗邻，西南以仲田岭、回风岭、竹络岭、琼南岭群山为界，构成自然的海湾区域，总面积为 384.2 平方千米。

海棠姑娘的传说

很久以前，当地人靠捕鱼为生，可是有一年接连 4 个月都没有捕到鱼，渔民们很不解，于是请当地有名的王娘母（巫婆）与海龙王沟通，询问缘由，原来是海龙王的妻子死了，只需给他送去一个年轻漂亮的佘蕹（未婚姑娘），渔民们就能恢复往日鱼虾富足的生活。

在王娘母的主持下，为了渔民们的利益，当地佘蕹纷纷自愿献身，最后，海棠姑娘被选中。她毅然告别心上人阿明，投入海底。而阿明也在当天晚上抱着两块大石头跳入大海，随海棠姑娘而去。

海棠姑娘投海的第二天，这片海域又能捕获到鱼虾了，为了纪念海棠姑娘，人们就把这片海湾叫作“海棠湾”。

尽显原生态的魅力

严格来说，海棠湾只是一个“半湾”，地处三亚市海棠镇与陵水县交界处，属于三亚市境内的取名为海棠湾，长 19 千米；属于陵水县境内的取名为土福湾，长 6 千米，两处“半湾”

［海棠湾美景］

[海棠 68 环球美食街]

海鲜是三亚美食中的重头戏，逛海鲜市场自然是游客不可错过的特色体验，在海棠湾的中心，海棠 68 环球美食街有地道、新鲜、便宜的海鲜，游客不必舟车劳顿往返市区，就能轻松满足口腹之欲。

[海棠湾免税店]

海棠湾免税店是国内规模最大的单体免税店，300 多个国际知名品牌让它成为游客在三亚的必访之地。

岸线合计总长 25 千米。海棠湾的岸线风光旖旎，河道如网，绿洲棋布，芳草萋萋，集碧海、蓝天、青山、银沙、绿洲、奇岬、河流于一身，景象万千。湾区聚集着汉族、黎族、苗族、侗族、瑶族、畲族和土家族，以汉族和黎族的人口为最。由于海棠湾以及土福湾远离城市，大部分区域没有开发，因此，没有城市中的喧嚣与繁闹，尽显原生态的魅力。

据传在明清以前，椰子洲岛上并没有椰树，后来不知从哪里漂来的椰果流落到小岛上生根发芽，并逐年繁衍增多，椰树遍岛，就成了今日的椰子洲岛。

椰子洲岛，碧水环抱，椰林装扮

椰子洲岛位于海棠湾藤桥东西两河的入海口，由 17

[椰子洲岛海滩上的巨石巨浪]

[水口庙]

椰子洲岛东侧有一座庙，叫作水口庙，始建于乾隆五十年（1785年），是当地村民求神祈福的地方，常年香火不断。

座岛屿自然形成，总面积 4978 亩。椰子洲岛是海南省目前仍保留着最原始自然景观的岛屿之一。上岛的交通工具只有船只。

椰子洲岛人迹罕至，整座岛上杂草丛生，很难找到正式的路，更别说交通工具了，游客要靠两条腿、披荆斩棘才能一览岛上美景。

岛上山峦起伏，上万棵椰树直指天空，让人不由自主地举首仰望，也正因为岛上长满椰子，才有了椰子洲岛这个名字。奇妙的是从空中俯瞰，小岛也很像一个椭圆形的椰子。

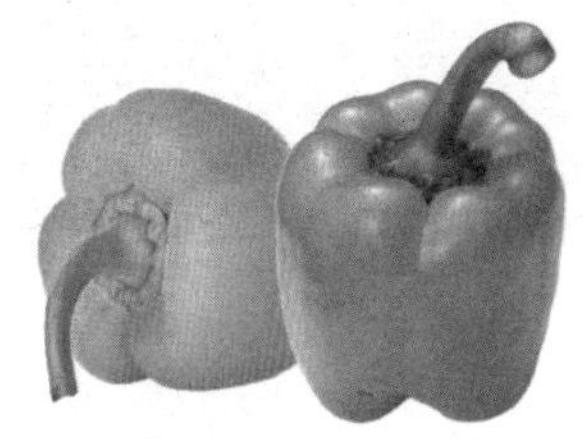

[黄灯笼辣椒]

黄灯笼辣椒在全世界只有海南南部生长，其椒色金黄，状似灯笼，所以当地人叫它“黄灯笼”。黄灯笼辣椒的辣度达 15 万辣度单位，在世界辣椒之中位居第二位，是真正的“辣椒之王”。

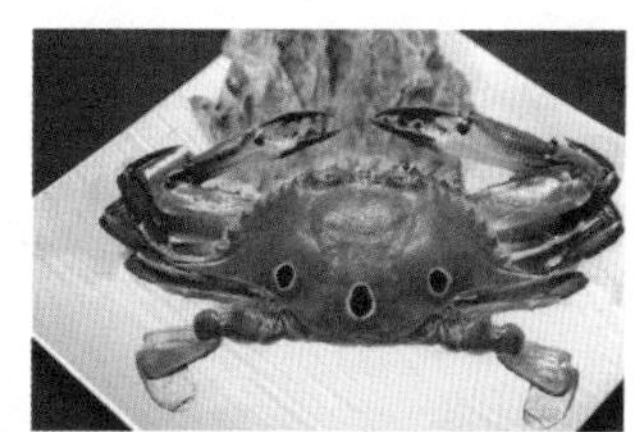

[三点蟹]

三点蟹又名“红星梭子蟹”，蟹肉味道清甜、鲜美，是当地特产。

[金龟探海]

蜈支洲岛东南的观日岩下有一块天然形成的巨石，如一只巨大的海龟。

[生命井]

据《三亚志》记载：相传以前，有一户渔民出海打鱼突遇台风，父子三人落水，经过几天的挣扎，三人漂到了蜈支洲岛的沙滩上，发现了一个小水洼，解决了淡水问题，从而得救。后来父子三人在水洼处挖出一口水井，取名“生命井”，供过往出海打鱼的渔民使用，一直沿用至今。

海棠湾鲨鱼的淡黄色身子被一条黑线包围，丝毫没有凶狠残忍的感觉。

蜈支洲岛，未被污染的净土

蜈支洲岛北与南湾猴岛遥遥相对，南邻被誉为“天下第一湾”的亚龙湾，岛长1500米，宽1100米。蜈支是一种罕见的海洋硬壳类爬行动物，因小岛的外形有些像蜈支，所以叫作蜈支洲。

蜈支洲岛上有充足的淡水资源，这在整个海南岛周围并不多见。岛上植被丰富，有2000多种植物，生长着许多珍贵树种，如被称为植物界中大熊猫的龙血树，并有许多难得一见的植物现象，如“共生”“寄生”“绞杀”等。

蜈支洲岛上的自然景观让人心旷神怡，这里空气清新，阳光明媚，海

[蜈支洲岛观海长廊]

滩旁、观海长廊、观日岩、椰林中、情人桥等到处都是美景，让人流连忘返。

南田温泉，“神州第一泉”

南田温泉的日流量居全国第一位，自喷高度为 7.8 米，有“神州第一泉”的美誉。

海棠湾的浪比较大，海况十分复杂，适合冲浪，并不适合下海游泳，更不适合潜水，在这里与水最亲密的接触方式就是泡温泉。

南田温泉建有 67 个各具特色的温泉池，有香茶泉、香酒泉、咖啡泉、中药泉、椰奶泉、鱼疗泉、冲浪泉、按摩泉、儿童动感池……这些形态、功能各异的温泉池分布在天然椰林中，一池一景，融温泉理疗、健身、娱乐为一体，1997 年注册为“神州第一泉”。因其含有多种矿物质，越来越受人们的喜爱。

[南田温泉]

穆斯林古墓群

1983 年初，在三亚市藤桥镇（现名海棠区）滨海处的海滩沙丘上发现穆斯林古墓群，共有墓葬 45 座，是迄今为止我国南方地区发现年代最早、规模最大、延续时间较长的穆斯林墓地，墓葬无封土，只立珊瑚石碑作墓穴标志。根据墓葬中的工具、碑文和图案等，确定该墓群为宋元时期的墓葬，带有早期墓葬的特色，是典型的海洋文化艺术的代表。

深港最后的“桃花源”
大鹏湾

“天堂向左，深圳往右”，深圳和对岸的香港给人的印象就是繁华与浮躁，大鹏湾位于两者之间，湛蓝的海水、宁静的港湾、洁白的沙滩等就是它们不经意间流露出的温柔。

大鹏湾又叫马士湾，位于大鹏半岛与香港九龙半岛之间，是一个位于我国香港地区和深圳之间的海湾。

大鹏湾沿岸的港湾主要有南澳湾、土洋湾、沙头角湾、大埔海、大滩海峡等。其中较大的渔港有南澳港、盐田港和吉澳港。

景色宜人

清光绪二十四年（1898 年），中英《展拓香港界址专条》将深圳河以南的新界租借给英国，大鹏湾被英国殖民统治，香港回归后，今为粤港共用。

大鹏湾西面和南面分别为香港的吉澳和西贡半岛，北面和东面被深圳的盐田、大鹏和南澳包围，海湾的中央为香港大埔区的东平洲，周围的山地、丘陵由花岗岩构成，海岸曲折，总面积约 335 平方千米，是我国南方最佳的天然港湾。

大鹏湾东、北、西三面环山，湾口朝东南，西部近

[大鹏湾美丽的海滩]
大鹏湾漫长的海岸线上有众多的海滩，而且每个海滩都很有特色。

岸地形复杂，岛屿错落，水道纵横，陀罗水道深入九龙半岛腹地，湾内水较深，沿岸无大河流注入，无淤积。海底深槽平坦，两侧岸坡陡直，湾内水产资源丰富，主要有黑鲷、石斑鱼、鲍鱼、对虾、龙虾、栉江珧、合浦珠母贝等。湾内景色宜人，大鹏所城、大梅沙、小梅沙、船湾郊野公园、东平洲、印洲塘都是著名旅游景点。

[大鹏所城内废旧的火炮]

摆放在院落墙角的旧炮。

大鹏所城

大鹏所城位于大鹏湾海岸线，始建于公元 1394 年，为广州左卫千户张斌开所筑，是明代为了抗击倭寇而设立的“大鹏守御千户所城”，简称“大鹏所城”，是至今为止保存较为完整的古城之一。如今深圳又名“鹏城”，其名即源于大鹏所城。

在深圳民间有“宋朝杨家将、清代赖家帮”的说法，赖家帮说的就是大鹏所城内的赖氏家族，这是深圳历史

[大鹏所城]

大鹏所城内有三条主要街道，分别为东门街、南门街、正街。古城外有护城河，东、西、南三座城门依然保存完好，城墙上有门楼、敌楼，还有左营署、参将府、守备署、火药局……大鹏所城的城墙是由山麻石、青石所砌，是至今为止保存较为完整的古城之一。

九龙海战大捷

1840 年鸦片战争爆发前夕，英国军舰前来挑衅，赖恩爵作为林则徐的手下，召集了 500 多艘民船，趁着大雾打得英军溃不成军，并击沉了一艘军舰，还杀死了 30 多名英军士兵，后来六战六捷，这就是著名的九龙海战。道光皇帝收到捷报后非常高兴，御赐赖恩爵为满洲巴图鲁，晋升为副将，赏赐顶戴花翎。

1840 年 10 月，鸦片战争爆发后，林则徐被免去职务，赖恩爵被提拔为广东水师提督，官居从一品。

[抗英名将赖恩爵]

上最兴旺的家族，曾出过“三代五将”。在大鹏所城内有座壮观的府邸——振威将军第，就是赖氏家族子弟、抗英名将赖恩爵的将军府。

大鹏所城内除了振威将军第外，还有侯王庙、参将署、天后宫、赵公祠等古迹，数百年的历史变化铭刻在每一条街道、每一座建筑、每一个路牌之上。

大小梅沙

对深圳当地人来说，大小梅沙不只是海滩，还有和父母、朋友最宝贵的记忆。大小梅沙位于大鹏湾东侧的盐田区，又有“梅沙踏浪”之称，是“鹏城十景”之一。

有公交车往来于大小梅沙，只需十几分钟即可。

大小梅沙是两个景点：大梅沙和小梅沙。与小梅沙相比，大梅沙的沙质更细腻，在上面奔跑不会有硌脚的感觉，是现代都市中难得的休闲之地，而且是一个免费的景点。

小梅沙临近海洋公园，里面有一些动物表演，如海豹、海豚，还有俄罗斯花样游泳表演等。

据记载，小梅沙的开发历史已有 110 年，环境优美别致，因为是收费景点，人流量比大梅沙少很多，因此，让人有远离繁华喧嚣的感觉。

为了方便游客游玩，大梅沙还提供冲凉寄存、泳具出租、保安、救生等配套服务。

不管是大梅沙还是小梅沙，都有阳光、沙滩和海浪相伴，让人惬意和快乐。

[大梅沙海滩上的天使雕塑]

[大梅沙海滩上的“天长地久”石]

[大梅沙]

大梅沙是免费的，海滩比较大，人也多。

船湾郊野公园

船湾郊野公园位于新界区东北大鹏湾海域的岛屿上，其三面临海，范围包括船湾淡水湖一带，西面与八仙岭郊野公园连接。照镜潭特别地区及吉澳洲特别地区均位于船湾郊野公园之内。

船湾郊野公园内的山水美景数不胜数，新娘潭、照镜潭、龙珠潭和横涌山涧，以及人造的船湾淡水湖都是热门景点。

大梅沙不远处有海滨公园，公园内有游泳区、运动区、休闲区和娱乐区等，更有滑水索道、摩托艇、水上降落伞、沙滩足球等刺激的娱乐项目。

小梅沙是要门票的，人较少一点，也较干净一点，比大梅沙远。

东平洲

东平洲位于大鹏湾，是香港最东的一座海岛，邻近大亚湾，地形犹如一弯明月，由于地势平坦而称为“平洲”，又因为避免名字与坪洲混淆而改名为“东平洲”。

如今东平洲上的居民逐渐搬走，与荒岛无异。岛上

[照镜潭]

[横涌山涧]

[东平洲海岸公园]

树木成荫，林间鸟语花香，岛屿四周海涛阵阵，海底珊瑚密集，鱼类丰富，别有一番风味。除此之外，东平洲因被海浪长年侵蚀而形成了一系列奇岩怪石，其中最著名的有由页岩组成的石塔“更楼石”和由峭壁围成的“难过水”等。

2001 年 11 月 16 日，我国香港地区将东平洲及附近海域列为东平洲海岸公园，每逢假日，岛上都会聚满郊游客士，有的进行远足、观石或露营等活动，有的潜水欣赏珊瑚，让这座本来渺无人烟的小岛变得热闹起来。

印洲塘

印洲塘是我国香港地区首批成立的海岸公园之一，占地 680 公顷，现在也是香港国家地质公园的一部分。其位于大鹏湾内，是一个由多座小岛围起来的海域，进出交通极为不便，保持着一种隔世之美。这里水平如镜，山峦叠翠，宁静秀美，是天然的避风塘，当地居民用“上有苏杭，下有印塘”来形容这里的秀美风光，而外地游客更喜欢将其媲美广西桂林，誉为“香港的小桂林”。

大鹏湾的美景数不胜数，这里有大海、古镇、苍山、绿道、艺术园、海鲜街等，被誉为深港最后的“桃花源”，成为人们的度假胜地。

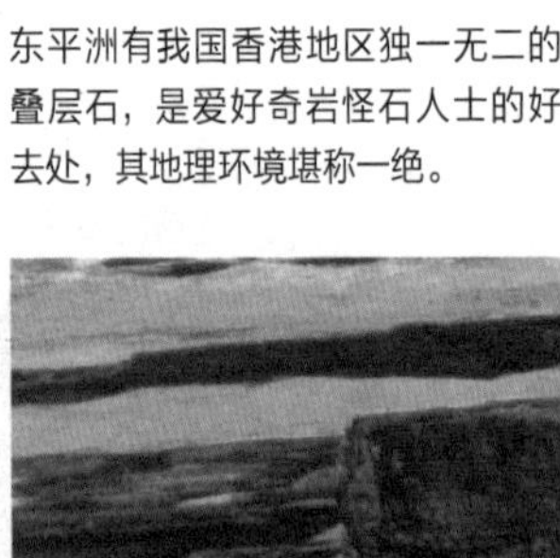

[东平洲由叠层石组成的海岸]

东平洲有我国香港地区独一无二的叠层石，是爱好奇岩怪石人士的好去处，其地理环境堪称一绝。

深圳最美海湾

东、西涌湾

这里的海蓝蓝，天蓝蓝，沙滩松软、柔韧如缎，带着咸味的空气中透出无人的静谧，构成一幅绝美脱俗的画卷。

[西涌海滩上的快艇]

东涌和西涌是两个相连的海湾，位于大鹏半岛南澳镇南部的海岸线上，两个海湾两侧的岬角为悬崖峭壁，多奇礁怪石，海湾与背山之间为冲积平原，是深圳市旅游资源最丰富、最受关注的区域。

西涌，中国八大最美丽的海岸线之一

西涌湾三面环山，是一个幽静的月半湾，其山脚与大海交界的地方有高 12 ~ 15 米的沙坝、1.57 平方千米的潟湖及两个涨落潮通道。沙坝上有生长茂密的木麻黄防风林，将湾内长 3.3 千米的海滩紧紧环抱。西涌海滩洁白平缓，周围的海水清澈透明，海滩上有快艇、浮床、沙滩排球等娱乐项目，还提供烧烤炉具、野外

[情人岛]

站在西涌海滩上远远望去，海湾中有一座元宝形的小岛，这里便是当地人口中的情人岛。

[西涌湾]

帐篷、太阳伞及骑马、潜水等配套休闲娱乐服务。

西涌海滩是深圳最长的海滩，属世界级景观地之一，曾被《中国国家地理》杂志等评选为“中国八大最美丽的海岸线”之一。

在西涌湾内还有深圳最东的陆地“情人岛”（也叫赖氏洲岛）、西涌天文台、西涌传统村落等景点。

西涌海滩附近能吃海鲜的地方不多，而且大多都是潮州海鲜。当地最有特色的海鲜是西涌海胆，以及一些海鲜鱼。除了海鲜之外，西涌窑鸡也是当地不错的佳肴。

深圳这个称呼最早出现在永乐八年（1410 年）的史籍中，清朝时，当地客家人在宝安、大鹏等地聚集成墟，由于墟边有一条又深又大的水沟，而当地人一般把河流、大水沟称为“某某涌”，加上“圳”和“涌”基本同义，所以最终把这个地方叫作深圳，意为有一条很深大水沟的村落。

东涌，深圳最蓝的海滩

从西涌到东涌有一条徒步路线，全长 7 千米左右。东涌湾内的海滩并不长，仅有 630 米，它与西涌海滩一样沙滩平坦，沙白水碧，被称为“深圳最蓝的海滩”。

东涌湾的海滩尽头是沙坝，沙坝内分布有水深 2 米、面积为 18 公顷的潟湖，潟湖近岸浅滩分布面积近 4 公顷的红树林，它是大鹏新区面积最大的红树林群落。该红树林是各种生物的繁衍栖息地，有很多候鸟来这里过冬，如翠鸟、白鹭、斑鸠等，整个红树林鸟翔鱼跃，一片生意盎然的景象。据粗略估计，栖息在东涌海滩的白鹭约有 600 只。

东涌和西涌远离烦嚣的都市，人迹罕至，自然环境优美，无工农业污染，相对较为封闭，被称为“深圳最美海湾”，是国内数一数二的海边度假胜地。

[东涌湾中的海蚀洞]

东、西涌湾之间的海岸线由岩石滩、砾石海滩、岩石岬角和少量的小沙滩交错构成，有千姿百态的海蚀地貌遗迹景观，还有大量的海蚀洞、海蚀崖、海蚀平台、海蚀柱等，部分区域为大鹏半岛国家地质公园地质遗迹保护区，是极具观赏性和科普教育价值的重要旅游地。

深圳最后的户外天堂 大鹿湾

这里是深圳最后的户外天堂，也有深圳最美、最原始的海岸线，漫步在这里的美丽沙滩上，感受着海风、浪花、星空，似乎一切烦恼和忧愁都可以放下。

大鹿湾又被称为大鹿港，是一个位于深圳的纯天然、无污染、有淡水、非常漂亮的海湾。它的正面就是香港海域，背靠红花岭，两侧是鹅公湾和黑岩角，景色宜人。大鹿湾有一大一小两个沙滩，都非常漂亮，因为地处偏僻，游客稀少，始终保持着最原始的样貌。

[大鹿湾美景]

大鹿湾东部环山，是无法观看日出的，在夏季，早上 9 点左右才有阳光照射到沙滩上。

适合追求刺激、寻求冒险的年轻人

大鹿湾的交通设施相对来说比较原始，只有两条公认的路线：一条路线是先到西涌海滩，再坐 20 分钟的快艇；另一条路线是沿着山路从西贡村的抛狗岭，一直徒步到达大鹿湾，大概要走 5 小时（也可以先坐车到达西贡村，然后再步行 3 小时）。

大鹿湾虽然美景众多，但是并不适合老年人和小孩子，最适合那些爱好探险、追求刺激的年轻人，是资深户外运动人士才懂得的绝佳穿越之处。

登山口附近有大鹿港径的起点牌子，为了避免游客迷路，去往大鹿港的沿途山路，每隔 500 米就有一个标距柱，最开始需要爬半小时的上坡山路，大部分是比较容易走的青石路。

美景天成

大鹿湾的沙滩干净原始，呈银白色，海水非常清澈，是深圳南澳最洁净、无污染、有淡水的沙滩。沙滩上还有众多怪石，它们大小不一、参差不齐地屹立着，或三五块在一起堆放，或两两相聚，或高大，或娇小，千姿百态。沙滩的后面有原始的大山，山上的植物长得郁郁葱葱，纯天然生长，没有人工修剪的痕迹，美景天成。这里也因此被誉为“深圳最美、最原始的海岸线”。

[抛狗岭野生捻子]

抛狗岭山林间有很多野生捻子，其学名叫桃金娘，初秋时节成熟，果实有点像小酒杯，和普通捻子不一样，它们青而黄、黄而赤、赤而紫，变成紫色发黑就成熟了。

让人流连忘返的地方

鹅公湾

这是一个人迹罕至的海湾，沙滩背靠群山，面朝大海，一条银白色的瀑布从山涧直冲大海，景象万千，让人流连忘返。

[鹅公湾清澈的海水]

[从山涧飞流直下的瀑布]

鹅公湾位于深圳市大鹏半岛的西海岸，海湾宽度约600米。它西望香港塔门洲、赤洲，背靠海拔428米的抛狗岭，海岸线北上可达南澳镇，南下可到大鹏半岛最南端的墨岩角。

最佳野外露营地

相比于大小梅沙的热闹和拥挤，鹅公湾由于不通公交，

而且临近海湾的道路坡度大，急弯多，因此游客较少。

鹅公湾的沙滩和大鹿湾的一样，背靠红花岭，面朝大海，整个海域无任何污染。海湾有一大一小两个美丽的沙滩，沙滩后一条银白色的瀑布从红花岭山涧飞流而下，直冲入大海。瀑布的水可以饮用和冲凉。鹅公湾属于亚热带气候，年平均温度为 22.4℃，是深圳野外露营最理想的地方。

[鹅公湾——徒步者天堂]

注意：最好组团一起来这里徒步，因为这条海岸线有一定的风险，同时需要徒步者准备好急救物品以及相关装备。

深圳最美海岸徒步线路之一

鹅公湾到南澳洋筹湾的道路是一条绝美的徒步线路，每年的最佳穿越季节是春季、初夏和秋季。这条路上到处都是大礁石拦路，绝大多数地方需要手脚并用才能通过，是徒步越野的绝佳之地。虽然沿途岩石粗糙，没有东、西涌的海岸平稳、温柔，但它却步步都是风景。

[石壁]

这堵石壁似摩天大楼迎面压来，大部分徒步者到达此地后都会绕道而过，不过有胆大者会从石壁半山腰处的缝隙中攀爬过去。

[洋筹湾美景]

洋筹湾是一个人迹罕至、没有任何污染的海滩。

最原始的海湾腹地

石梅湾

这里有碧海、青山、白沙、奇石、岛屿、椰林、溪流、青皮林，山清水秀，景色宜人，充满热带原生态自然风光。

[拍摄《非诚勿扰 2》时剧组住的石梅湾艾美酒店]

石梅湾加井岛的沙滩平缓，沙质细腻洁白，《非诚勿扰 2》中看到的海景便是这里，它天然、未开发，与同样位于海南的亚龙湾、清水湾等著名海湾相比，石梅湾还很原始，在海南当地有“石梅压亚龙”的说法。

电影《非诚勿扰 2》播出后，影片中石梅湾的美景深深地吸引了所有人，原本默默无闻的石梅湾被世人知晓，成为一个被游客追捧的度假胜地，被誉为“海南现存未被开发的最美丽海湾”。

石梅湾位于海南省万宁市兴隆华侨农场南部，这里也是海南省东南海岸线上的旅游中心区，以石梅湾为中心，沿海岸线向两边蔓延。

石梅湾名称由来

石梅湾东侧的海域散落着一些黑色的石头，石梅湾中的“石”源自“乌石姆”，海南话把“黑”叫成“乌”，石头叫成“石姆”，“乌石姆”的含义是黑色的石头，就是指这些石头。石梅湾中有沿海滩绵延数十千米的青皮林，是目前已知的世界第二个，也是面积最大的海滩青皮林，它有 4000 ~ 16 000 年的历史，如今被列为省级保护区。而“青皮”又名“青梅”，石梅湾中的“梅”即源自于此。石梅湾由此得名。

白色平缓的沙滩

石梅湾三面环山，一面向海，由两个新月形的海湾组成。湾内平时风平浪静，有一个长约 6 千米、宽为 30 ~ 50 米的白色平缓的沙滩，近百米内水深不过 3 米，碧海、蓝天、流

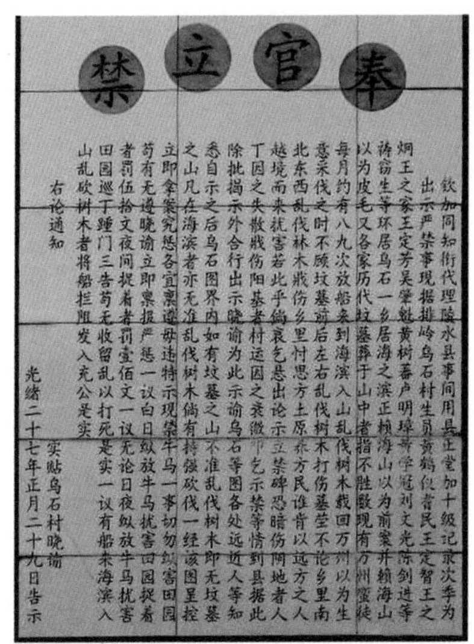

[青皮林禁碑]

这是清朝官员为保护这片青皮林而立的“奉官立禁”碑。该碑高 1.2 米，宽 0.5 米，碑文阴文直列楷体字。

[青皮树]

青皮树为龙脑香料，又叫青梅、海梅、苦叶。是濒危物种，树高可达 30 米，胸径可达 1.2 米，树干通直，树皮青灰色，故得名。

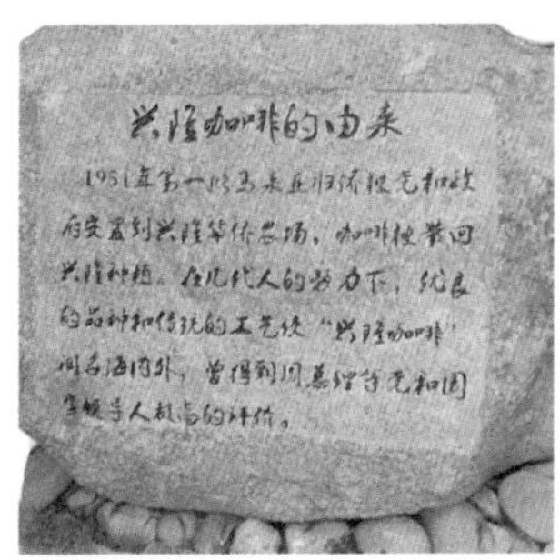

[兴隆咖啡]

石梅湾盛产兴隆咖啡，这里有许多有格调的咖啡馆。坐在海边的咖啡馆，喝着香浓可口的咖啡，欣赏日落的美景，不失为人生中的一大享受。

云自成画卷。在距海滩不远的海面上有一座加井岛，更为这里增色不少。

加井岛

加井岛很小，面积只有约 0.18 平方千米，可能是因为人迹罕至，这里的海水非常清澈，海底有许多珊瑚和热带海洋生物，是个有名的潜水胜地。岛上的沙滩会随季节不同发生位移，因此也有人将其称为“灵岛”“生存岛”。

[鸟瞰加井岛美景]

加井岛虽然很袖珍，但是确实异常的美，这里有沙滩、怪石，还是海南省为数不多具有淡水泉眼的袖珍岛屿，人们认为这个淡水泉眼是龙太子的眼睛所化，当地人有沾龙气的风俗，会在端午节时驾船登岛或在岛的周围洗浴，洗去晦气，沾点龙气。

石梅湾是一个还未被过度开发的海湾，其背倚青山，面临白沙碧海，大海走到这里，似乎也因眷恋青皮林的美丽、加井岛的灵气而停住了脚步，浪花在碧海浅滩中慢慢地沉睡，装点着这个美丽的海湾。

没人打扰的私密海滩

月亮湾

这里是一处没有人打扰的私密海滩，沙细色白，满目清新，略带着咸味的空气中透出静谧，海天一色的美景让人向往。

[月亮湾美景]

这里是为数不多私家车可直接到达海滩的地方。

月亮湾位于海南省文昌市龙楼区，是铜鼓岭国家级自然保护区中的一处海湾，离七洲列岛不远，其东临浩瀚的南海，南抵宝陵河入海口。这里 2019 年刚开始建游客中心，如今依旧是一片未经开发的海滩，被评为“海南最美的十大海湾”之一。

[海滩边上的路标]

天然冲浪胜地

月亮湾的海岸线长 11 千米，与铜鼓岭遥相对望，渐近海岸，低矮的灌木后出现一片湛蓝，让人不禁惊叹琼北竟有如此优质的海水和沙滩。

[从山顶看月亮湾]

从月亮湾海滩可以坐观光车到达铜鼓岭，在铜鼓岭北端山顶有一个观景台，山顶不大，转一圈用不了20分钟，从山顶可俯瞰月亮湾美景。

月亮湾的沙滩沙质细腻，整个沙滩非常干净，静静地躺在海边的沙滩椅上，听着海浪拍岸的声音，不禁让人沉浸于海天一色的美景中。

在这里，可以深深地感受到大海的宁静与力量的结合。一波未平一波又起的浪花，凸显了大海的力量。这里的海浪多变而安全，是海南省最大的天然冲浪胜地。

附近有房地产公司进驻，海滩边上有市场，可以用餐。

优美的海底世界

月亮湾的海面上波光粼粼，远远望去，泛起一层银色，水下有五彩斑斓的珊瑚礁和形态各异的岩礁，各种各样的鱼儿自由自在地在其中游来游去，构成一个优美的海底世界。

[海水清澈透明，海浪汹涌]

月亮湾的海防林可以说是海南省最宽、保存最完好的海防林之一。

领略海南西海岸之美

棋子湾

这里的沙滩又细又软，海岸上怪石嶙峋，不仅有原始、天然的美景，还流传着许多美丽而神奇的传说。

[棋子湾]

棋子湾位于海南岛西海岸昌江西部，海湾呈“S”形，湾长20多千米，是海南岛西海岸的最美海湾。棋子湾属海南西线旅游带，相较于海南东线旅游带的热闹，西线旅游带明显安静许多，不过这里的美景一点也不逊色。

历代造访过棋子湾的名人有苏东坡、赵鼎、郭沫若……他们被美丽神奇的景色所吸引，留下了脍炙人口的诗篇。

棋子湾在昌化镇北3千米处，距离昌江县城石碌镇55千米。

棋子湾的名字大有来头

当站在高处观赏这个海湾时，其弧形的沙滩宛如棋盘，湾内红、蓝、绿、黄、

[棋子湾奇石]

[棋子湾散落海边的奇石]

白、紫、青七色石块星罗棋布，块块光滑润洁、晶莹透亮，故得名棋子湾。

棋子湾名称的来源还有一个神话传说：相传有两位仙人在这片海边比棋，他们从清晨一直下到中午，烈日下两位仙人又饿又渴，但谁也不服输。

有一位路过的渔民见了，拿来酒肉和茶水，供两位仙人消饥解渴。

下完棋后，两位仙人也吃饱喝足了，便要重谢渔民。但渔民早已经离去，寻不到踪影了。为了感谢渔民的热心肠，两位仙人便将棋子撒入大海里，变成奇石秀岩，层叠至岸边。从此以后，这里风平浪静，鱼虾丰盛。

[峻壁角领海基点]

峻壁角领海基点，旁边还有领海基点的相关说明。

“大角”“中角”和“小角”

棋子湾由三个面向北部湾的海角组成，它们被当地人称为“大角”“中角”和“小角”。

大角又被称为浪漫海角，其海岸线上修建了海边观景的木栈道，在木栈道徒步，可欣赏礁石、岸滩，也可欣赏仙人掌、红树林与海岸帆船石、笔架山等礁石景观。

中角位于大角与小角之间，这里最值得提起的就是峻壁角领海基点，这里是来此旅游的人必到之处。

大角与小角的距离约有 5 千米，沿着木栈道穿过木麻黄防风林便到达小角。小角的海滩和奇石都不如大角，这里是棋子湾观赏日落的最佳地点，也应该是中国观赏“海上落日”最理想的位置，夕阳西下，落日变幻出奇瑰的景象，整个过程一览无遗，景色极美。

[大角木栈道]

会唱歌的沙滩

清水湾

这里有世界顶级的天然海水浴场，清水、白沙、怪石、奇岭遍布，还有世界上仅有的会唱歌的三个沙滩之一。

[清水湾美丽的沙滩]

清水湾水清、沙软，海天相映，分外妩媚，除此之外，这里的物价比其他很多旅游点便宜，游客可以选择住在离海边不远的民宿，喝一点当地黎族人酿的美酒……

世界上只有三个地方的沙滩会唱歌，分别是美国的夏威夷、澳大利亚的黄金海岸、中国海南的清水湾。

黎族人有独特的恋爱方式，他们通过对唱山歌来寻找自己心仪的对象，当地人称为串“布隆闺”，也称为“顾隆闺”。

清水湾位于海南省陵水县东部沿海，南临海棠湾和亚龙湾，北眺南湾猴岛，海岸线长约 12 千米。这里的风景绝佳，弧形的海岸一半是礁岩，一半是沙滩，遍布清水、白沙、怪石、奇岭，聚集了海南东西两地截然不同的景观。

海南最清澈的海水

清水湾有海南最清澈的海水，能见度高达 25 米，水质达到国家一类海洋水质标准。清水湾的水深约为 2 米，沙滩平缓涉水 200 米远，可以说是世界顶级的天然海滨浴场和潜水胜地。

[黎族银饰]

据说黎族人认为银饰带在身上，除了美观外，还能驱邪，有吉祥的意思。

[清水湾黎族男女]

清水湾当地人是陵水的黎族人，黎族男子的上衣没有领子，两襟相对，敞开着胸，下身穿着好像是围裙一样的吊襜，头上缠着红长布头。黎族妇女穿带有绣花的“桶裙”。黎族的中、老年妇女喜欢戴银饰，如银耳环、银项围、银手镯等。

会唱歌的沙滩

清水湾沙滩的海沙极为细腻，沙滩从海边到椰林可以分为 5 个分段：海浪冲刷区、湿沙区、音乐沙滩区、小阻力沙滩区、大阻力沙滩区。

清水湾最值得推介的就是音乐沙滩区，人走在上面，沙子被挤压后，会发出银铃般清脆的“哗、哗、哗”声，特别有意思，被誉为“会唱歌的沙滩”。这在世界海滩中都是少有的，可以看出清水湾沙滩的奇妙之处。

黎族语言有 4 种：第一种称为国语，在历史上被叫作“官话”；第二种为海南话，闽南方言；第三种为黎话，属壮侗语族黎语支；第四种称为苗话，为苗瑶语族苗语支。除此之外，还有船上话、客家话、潮州话……

黎族人特别喜欢喝当地产的低度酒。在当地，许多人的家里都有酿酒的陶具。遇到逢年过节或家里有喜事，他们都会自酿自饮，或招待客人饮用。

处处是欢乐的人群

金沙湾

这里有蓝天、白云、绿树、鲜花、碧海、细沙，充满着众多诱惑，无论白天还是夜晚，都是人们游玩的不二选择。

[湛江赤坎金沙湾观海长廊]

湛江市有两条"观海长廊"：一条在霞山市区东的海湾边上；一条在赤坎区的金沙湾海滨上。其中金沙湾观海长廊更时尚，霞山观海长廊更质朴一些。

金沙湾位于广东省湛江市赤坎区东海岸，占地面积 12.6 万平方千米，有金沙湾观海长廊、海滨浴场，双子岛、水上运动中心等景点，是国家 4A 级景区。这里草木茂盛，凤凰花、紫薇、旅人蕉、大黄椰争奇斗艳，曲径、草坪错落有致，平日到访的游客也没有其他景点那么多，依旧保持着一份宁静与悠闲。

[金沙湾沙滩]

金沙湾海滨浴场

海滨浴场位于金沙湾观海长廊尽头，整个浴场海岸线长 300 米，面积达到了 4 万平方米，是一个大型的天然海滨浴场，可以容纳 2 万多人。

在海滨浴场的海滩上，经常有人放风筝、玩沙雕、踢沙滩足球；情侣们手牵手

[金沙湾广场]

在沙滩上漫步……

海滨浴场内有高大的白色沙丘和碧绿的椰树林，还有蓝天、白云以及蔚蓝的大海，其特有的海洋大漠风光吸引着国内外无数的游客。

金沙湾观海长廊

金沙湾观海长廊全长 2100 米，宽 67 米。站在观海长廊上，从西边向东边看，分别为人文景观展示区、沙滩亲水活动区、金沙湾广场、生态之旅景区，还有湛江海湾大桥，构成一幅迷人、充满人情味的椰风海韵画卷，是休闲、旅游的好去处。

[阳江风筝]

在金沙湾经常能看到有名的阳江风筝。这些百米长的风筝，有的如巨龙腾空，有的好似群鹰飞舞，金鱼串、鲤鱼串仿佛把天空变成了海洋。

[劳丽诗奥运女神雕像]

劳丽诗是 2004 年雅典奥运会女子 10 米跳台双人组冠军，是湛江的城市英雄，为了表彰劳丽诗实现了湛江籍运动员奥运金牌零的突破，湛江市政府在金沙湾广场建了一座“劳丽诗奥运女神雕像”。

[湛江海湾大桥]

金沙湾观海长廊是近距离欣赏湛江海湾大桥全貌的最佳位置。这是一座连接海东、海西的重要跨海大桥，为广东省道 S373 线的组成部分，是全封闭一级公路，不设置人行道和非机动车道，禁止步行或骑行过桥。

海天神幻境界

浪琴湾

这里的沙滩平缓，沙粒纯净，一年四季的景色变化无常，时而海雾笼罩，远处的海岛如海上仙山；时而波涛拍击海岸，场面宏伟壮丽……

[浪琴湾日落]

浪琴湾有美丽的传说、怪石和沙滩，这里还是观看日落和日出的好地方。

浪琴湾位于广东省台山市北陡镇南 18 千米处，这里有一处木麻黄防风林带，浪琴湾就藏身于防风林带背后，湾长 2 千米，远处的上川岛和下川岛如海上仙山，浮浮沉沉，景象奇特。

浪琴湾的传说

相传在很久以前，这里有一对相爱的男女，男的英俊帅气叫阿浪，女的美丽善良叫阿琴。两个人虽然贫穷，小日子却过得十分幸福甜蜜。

有一年农历八月初十，阿浪独自驾船出海，遭遇台风，连人带船不幸被巨浪吞没了。阿琴见阿浪出海不归，心急如焚，于是日复一日、年复一年地在大海边期待阿浪归来。阿琴最终化成一块石头，守望在海边。这就是“阿琴望海”石的来历，“浪琴湾”因此而得名。

怪石嶙峋

浪琴湾有大量的礁石散卧在沙滩西边，这些礁石形状各异，有的像海龟；有的像海豹；有的像鲸；有的像雷公锤；有的像小象。还有

[“阿琴望海”石]

上川岛是南海中的一座岛屿，下川岛位于上川岛西侧 6 海里处，两岛均为我国南海岛屿。

[像小象的奇石]

一座巨大的奇石，高数丈，酷似少女仰卧之英姿，周围围绕着一群犹如小海狮的石头。这里怪石嶙峋，造型奇特，无形不神，无石不秀。

出米洞

沿着浪琴湾的沙滩一直往西走，可以发现一个叫出米洞的洞穴。即便是炎热的夏天，洞穴内依旧会无比清凉。

这个洞穴不大不小，大概可以容纳百人躲藏。相传海盗张保仔有一次兵败，弹尽粮绝，带领几十个海盗遁逃于此，躲进了这个洞穴。由于外面有追兵在搜捕，海盗们不敢出去，饥肠辘辘的他们在洞穴内四处搜寻，后来在洞穴内发现了一个小石缝，有白花花的米粒源源不断地流出，不多不少，每天仅够他们吃上一顿。从此，出米洞名声远播。

关于这个洞穴还有另一个传说：海盗张保仔在一次劫掠中，抢得大量的财宝，为了能更快脱身，便将抢来的财宝藏入了这个洞穴。因此，来浪琴湾游玩的人都会来这个神秘洞穴碰碰运气。

[出米洞]

[黄蜡石]

浪琴湾所在的北陡镇盛产黄蜡石，它是我国著名的赏玩石种，具有湿、润、密、透、凝、腻的特点，质优形美。

四季皆宜的旅游胜地

茶湾

这里不仅有优质的沙滩、奇特的山景石林、茂密的原始次生森林和闻名遐迩的名胜古迹，更是知名的鱼米之乡、长寿之乡和山歌之乡，是一处四季皆宜的旅游胜地。

[茶湾村]

这里的村民不论长幼，随时随地都会唱山歌，上山唱砍柴歌，出海唱打渔歌……

茶湾地处广东省台山市西南部南海上川岛的东海岸，因海湾内有一种野生的白云茶而得名。茶湾有一大一小两个天然沙滩，当地人习惯地称为大茶湾和小茶湾。大、小茶湾都是尚未开发的沙滩，依旧处于比较原始的状态，至今无路可到达，适合海钓、野外探险者一起聚众前往，或者雇用当地渔船前往。

小茶湾适合扎营

大茶湾的海岸线比小茶湾的长，沙滩宽度也比较大，但是这里缺少树荫，来到茶湾的游客往往会选择把营地扎在小茶湾。小茶湾有山泉汇聚的溪流，水深 1 米左右，可泡澡、游泳。大茶湾沙滩的坡度比较大，水深变化大，下水游玩时必须穿上救生衣，且不能游出外海。

[大茶湾]

可脱离网络的束缚

在大、小茶湾，手机只能拍照片和视频，这里一切都是原生态的，也别指望有好的网络信号，来到这里就脱离了网络的束缚，可以好好地体验一下大自然，感受清净自然的魅力。如果想要打电话或发微信，需要往海岸线走，那边也只有移动信号。

[小茶湾山泉汇聚的溪流]

丰富的海产品

如果在这里宿营，可以向赶海的渔民购买当地的海产。如果运气好的话，还可以在退潮的时候，亲自在沙滩上的礁石缝里挖狗爪螺、扇贝，捡辣螺、马尾螺、香螺……在退潮后的海滩上会有一些水潭，里面还能摸到跳跳鱼、泥猛、青衣、石狗公和乌头等。

这里有充足的海产品和甘甜的泉水，游客们可以一边聆听海浪声，一边享受着篝火烧烤。

[狗爪螺]

狗爪螺又名海鸡脚，不是贝壳类，是一种生长在海边石缝中的节肢动物，一般一簇簇群生群长，挤附在石头缝中，长年不移动，靠吃水中的微生物生长。因其形状酷似狗的爪子而得名。

大、小茶湾常有猕猴光顾

大、小茶湾紧靠上川岛猕猴省级保护区，在这里游玩时常会邂逅贪玩的猕猴，它们会出现在树荫下或山泉边。这些猕猴虽然有野性，但是并不会主动攻击游客，只要不激怒它们，完全可以和它们和谐相处，共享美景。

[石狗公]

石狗公又名白斑菖鲉、石头鱼，为鲉科线鲉属下的一个种，鲉科下的亚科，而浅海的鲉科即俗称的石狗公或石头鱼。

人生50个必到的景点之一

维多利亚海湾

维多利亚海湾水面宽阔，景色迷人，尤其是夜景壮观动人，2005年被《中国国家地理》杂志评为“中国最美八大海岸”之一，也曾被美国《国家地理》杂志列为“人生50个必到的景点”之一。

维多利亚海湾一般指维多利亚港，它是一个天然的深水海港，曾是太平山和九龙之间的一个山谷。在一万多年之前，这里是大陆山脉的延伸部分，随着海平面上升，山谷被海水淹没，造成山体断裂，海水入侵，才形成了现在的维多利亚海湾。维多利亚海湾的底部全是岩石，泥沙很少，海湾内可以同时停靠50艘巨轮，可以想

[维多利亚港夜景]

维多利亚海湾乃至整个香港海域有多种海上观光船，其中天星小轮最受欢迎。天星小轮主要往来中环、湾仔及尖沙咀等市区旅游点。游客可以一边享用游轮酒吧中提供的免费饮料、酒水，一边饱览维多利亚海湾沿岸灯光闪烁的璀璨夜景。

维多利亚港的平均水深达12米，最深处约43米，最浅处约7米，分别是鲤鱼门和油麻地。

[维多利亚海湾美景]

象出维多利亚海湾到底有多大。由于其港阔水深，被誉为“世界三大天然良港”之一。

名字的由来

1841年，第一次鸦片战争失败后，清政府与英国签署了《南京条约》，英国占领了香港岛。1856年，第二次鸦片战争失败后，清政府与英国签署了《北京条约》。1861年1月，英国占领九龙半岛。1861年4月，当时英国在位的女王为维多利亚女王，便将香港岛与九龙半岛之间的海港命名为维多利亚港。

除此之外，香港还有许多以维多利亚命名的地方，如维多利亚公园、维多利亚城、维多利亚山等。

维多利亚海湾的美景

维多利亚海湾是香港岛和九龙的天然分界，沿着这个海湾的九龙部分有香港最具代表性的建筑群，如中国银行、香港会展中心、金融大厦等。

维多利亚海湾的海岸线很长，两岸的景点数不胜数。每天日出日落时，繁忙的渡海小轮穿梭于南北两岸之间，渔船、邮轮、观光船、万吨巨轮

[从太平山山顶俯瞰维多利亚港夜景]

维多利亚港最佳夜景观赏办法：一是选择从太平山山顶上俯瞰或从尖沙咀海旁欣赏维多利亚港；二是搭乘渡海小轮置身维多利亚港中，欣赏两岸景色。

> 香港的夜景与日本函馆、意大利那不勒斯的夜景并列为世界三大夜景。

[维多利亚龙舟邀请赛]

维多利亚龙舟邀请赛开始于1976年，每年都会举办，这是香港乃至世界龙舟界的一大盛事。每年都会邀请世界各地的代表队来此较量，龙舟赛举办的地点一般是在尖沙咀东及湾仔海面。

[幻彩咏香江]

“幻彩咏香江”于2005年11月21日正式列入《吉尼斯世界纪录大全》，成为全球最大型灯光音乐会演。

和它们鸣放的汽笛声，交织出一幅美妙的海上繁华景致。

相对于白天，夜晚的维多利亚海湾更美，华灯初上，灯火璀璨，港湾周边的摩天大厦霓光闪烁，在天际和水面之间，缔造出“东方之珠”的壮丽夜景。

烟花会演

自1982年起，每年农历初二夜晚，维多利亚海湾都会有大型的烟花会演，吸引了大量的市民和游客前来观看。

自2004年起，维多利亚海湾又加入了“幻彩咏香江”的会演，由两岸共44座大厦、摩天大楼及地标合作举行，参与的建筑发出幻彩灯光、激光和弹射灯，点亮了香港的夜空，如遇特别日子还会加插烟火效果，再配合充满节奏感的音乐和旁白，尤其令人赏心悦目，整个会演相当惊艳。

[香港回归纪念日，维多利亚港打出的标语]

每年的香港回归纪念日和国庆日，在维多利亚海湾也能欣赏到烟花表演。这是2017年香港维多利亚港周边建筑上打出的庆祝香港回归祖国20周年标语。

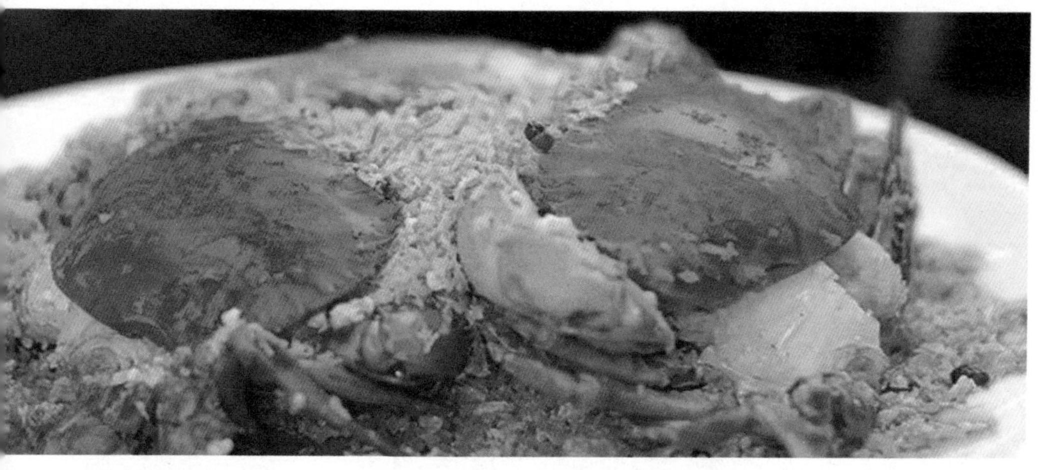

[避风塘炒蟹]

维多利亚港的美食有很多，其中避风塘炒蟹是远近闻名的一道地方菜。它也被称为“香港十大经典名菜”之一，是一道美味可口的传统粤菜。现在很多避风塘都有避风塘炒蟹，最正宗的是铜锣湾避风塘的炒蟹，除了避风塘炒蟹外，维多利亚港还有许多其他的美食，如熏鲑鱼、香港云吞面、葡国鸡等地道小吃。

渡海泳

自 1906 年起，维多利亚海湾就开始举办渡海泳。赛程长 1600 米，每年由九龙尖沙咀公众码头，游往中环皇后码头。由于海上交通和水质的原因，渡海泳曾在 1979 年停办。

如今，香港《船舶及港口管制规例》中规定，未经海事处处长批准，任何人均不得在维多利亚港游泳，违者最高可罚款 2000 港元。

维多利亚港一直影响着香港的历史和文化，主导着香港经济和旅游业的发展，是香港发展成国际大都市的关键之一。

避风塘

每到夏天，维多利亚海湾便会受到台风的侵袭。为了防范台风，维多利亚海湾内设有多个避风塘，供船只躲避风雨及停泊。维多利亚海湾的主要避风塘有铜锣湾避风塘、油麻地避风塘、九龙湾避风塘、筲箕湾避风塘、土瓜湾避风塘、官塘避风塘、鲤鱼门避风塘，其中铜锣湾避风塘是香港的第一个避风塘。

天下第一湾

浅水湾

它依山傍海，坡缓滩长，波平浪静，水清沙细，是香港人消夏弄潮的胜地，也是游客必至的著名风景区，被誉为“天下第一湾”。

［天下第一湾］

浅水湾位于香港太平山南面，依山傍海，海湾呈新月形，号称“天下第一湾”，有“东方夏威夷”的美誉，是香港最具代表性的海湾。

浅水湾的海滩既长又窄，坡缓滩长，波平浪静，水清沙细。这里冬暖夏凉，水温常年保持在 16 ~ 27℃，是香港人消夏弄潮的胜地，也是游客必至的著名风景区。

浅水湾就是水比较浅的意思，它的英文名字为“Repulse Bay”，其中“Repulse”意指“击退”，取自 1840 年负责巡逻该区、防卫海盗的英国皇家军舰“HMS Repulse”的名字。香港被日本占领时期，浅水湾曾被改名为“绿之滨”。

浅水湾高档别墅区

浅水湾除了景色宜人外，还是香港最高档的住宅区之一。通向浅水湾的路，左边是茂密的山林和耸立的高崖，右边是蓝绿色的海。在浅水湾的坡地上分布着众多的豪华别墅，据说全国很多大牌明星和商业精英都在这

里有私家别墅。

除此之外，高等级公路、高尔夫球场、沙滩边上的酒家、快餐店、茶座和超级市场，都让浅水湾变得极具吸引力。

[别墅区]

图中的山形如卧龙，是香港的别墅区。

浅水湾的一大亮点

从香港的中环、湾仔或尖沙咀等地，可直接坐巴士到浅水湾。这里虽然没有长洲岛、南丫岛那么美，平时都是居住在周边的住户在沙滩上休闲，有点私家海滩的

[1980 年的浅水湾饭店正门]

张爱玲在《倾城之恋》里描写的日式园林建筑风格的浅水湾饭店就坐落于浅水湾，如今已经改成影湾园。

[镇海楼]

感觉，但是每到夏天，浅水湾就会变得热闹起来。

在沙滩上玩耍尽兴后，可以移步浅水湾的东端，那里有许多烧烤炉供人租用，享受自助烧烤的乐趣。

[镇海楼前的观音菩萨像]

镇海楼

镇海楼位于浅水湾的东南端，是一座中国古典风格的建筑，屋顶上盘旋着一条“巨龙”。在镇海楼外，面对大海处有两座10米多高的塑像，分别是“天后娘娘”“观音菩萨”，旁边还有海龙王、弥勒佛等各种神仙和神话故事人物塑像。

长寿桥和万寿亭

镇海楼旁是长寿桥和万寿亭，据说走一走长寿桥，摸一摸万寿龙，可以健康长寿，平安幸福。

浅水湾除了有高档住宅、海滩、镇海楼等之外，周边还有不少其他景点，像铜锣湾、海洋公园都是游玩的好去处。

镇海楼也是香港拯溺总会所在地，它是一个非政府志愿者组织，是为了减少在水上活动时发生意外而成立的。

[万寿亭]

风景天成

西子湾

这里风光旖旎，海天一色，有沙滩、海水、天然礁石、椰树、海水浴场以及迷人的夕阳美景，是一个可以享受海风和浪漫的地方。

西子湾位于我国台湾地区高雄市西侧万寿山西南端的山麓下，在清朝初年时名为“洋路湾”“洋子湾”，又名为“斜湾”，在闽南语的谐音引申下变成了“斜仔湾”，后来又变成了“西子湾”。它以海水浴场及天然珊瑚礁而远近闻名，傍晚时分的“西子夕照”更是“台湾八景”之一。

清朝初期这里叫作洋路湾、洋子湾或斜仔湾，因当地闽南语中的谐音，斜仔湾逐渐被称为西子湾。

从高雄市中心自驾仅需20分钟的车程，便可来到西子湾，这里有西子湾海水浴场、打狗英国领事馆、十八王公庙等，这些景点紧挨在一起，找辆自行车便可以轻松地穿梭、畅游其中。

西子湾隧道

从高雄市中心去往西子湾有一条重要通道，那就是

[西子湾隧道]

[西子夕照]

西子湾隧道，这条隧道全长260米，宽6米，高3.6米，最早开凿于1927年，称为“寿山洞”，在第二次世界大战时毁于战火，后来经高雄市彻底整修，成为连接西子湾与高雄市中心的要道，因其隧道景观特殊，一直是著名的观光景点。

西子湾海水浴场

西子湾共有三个海滩，第一个海滩在防波堤内，第二个海滩位于防波堤外侧，第三个海滩则位于柴山军事管制区。

西子湾海水浴场建于1928年，当时叫寿海水浴场，1935年时添建儿童游泳池。如今的西子湾海水浴场建于1975年，位于防波堤外侧第二个海滩的所在地。这里的沙滩十分平缓，海水非常清澈，海滩上还有高大的椰树，极具热带夏日风情。

打狗英国领事馆

打狗英国领事馆位于高雄市的鼓山区，建于1866年，是清朝时期英国驻高雄的领事馆驻地，也是我国台湾地

[打狗英国领事馆]

区的第一栋洋楼。打狗英国领事馆三面环水，背面靠山，红色的砖墙、宽敞的长廊，以及馆内线条优美的雕塑和壁墙上色彩艳丽的油画都极具英伦风情。150 多年来，打狗英国领事馆历经战火和台风的洗礼，曾一度变成断垣残壁，1987 年被修复一新，并列为二级文物古迹。

十八王公庙

十八王公庙位于打狗英国领事馆边，雄踞于高雄港入口处的山岬上，它依山而建，面向高雄港，庙前陡峭蜿蜒的阶梯一直延伸到西子湾的海滩上。

[十八王公庙]

十八王公庙是传统的闽式建筑风格，庙宇门口的石柱上盘旋着龙形石雕，山门屋檐、屋脊上有多组精雕细琢、精美绝伦的神话雕塑。

康熙二十三年（1684 年），一艘从大陆而来的渔船在西子湾海滩处沉没，18 位船员脱险后在西子湾登陆，并在西子湾地区开垦，但后来却被凤山县衙官误认为是叛民而遭集体格杀。附近居民念其平日和睦敦邻，乐善好施却惨遭冤杀，于是就收殓他们的遗体，在西子湾洞口的山麓上合建一间祠。后来由于显灵保佑百姓，当地居民便奏请玉皇大帝敕封为“十八王公”。1983 年重新兴建，并迁至现在的打狗英国领事馆旁。

享受世界级美景

澎湖湾

“晚风轻拂澎湖湾，白浪逐沙滩，没有椰林缀斜阳，只是一片海蓝蓝，坐在门前的矮墙上一遍遍怀想，也是黄昏的沙滩上有着脚印两对半……”这首歌曾在我国的大街小巷广为流传，是一个时代的标记，也正因为这首歌，让澎湖湾进入人们的视野中。

澎湖列岛由 64 座岛屿组成，从形态上来看，好像是一只大乌龟带领着一群小乌龟。

澎湖县东与云林、嘉义两岛相望，西与福建、厦门相对，是我国台湾地区唯一全部以岛屿组成的县。

澎湖湾位于台湾海峡中流，属于我国台湾地区的澎湖县，在澎湖列岛上最大的三座岛白沙岛、澎湖岛和渔翁岛的中间。澎湖湾长度达到了 70 多千米，宽度有 40 多千米，面积为 126 平方千米。其附近的岛屿之间交通很方便，有各种公路和桥相连接，主要的公路有 4 条，总长达到 130 千米。

澎湖湾的美景

[澎湖跨海大桥]

澎湖跨海大桥连接白沙乡和西屿乡，是澎湖的地标，它跨越了澎湖最不利行船的险恶“吼门水道”，曾是远东第一长的深海大桥，驰骋其上，可以感受海风的强劲，景观壮阔。

澎湖湾的气候少雨多风，风光秀丽如画，这里日照充足，水资源丰富，为植物的生长和繁衍提供了必要的条件，天人菊、芦荟、仙人掌及龙舌兰等耐旱植物更是生长茂盛。这里的蓝天、白云、沙滩、海浪、植被，使游客犹如置身于世外桃源。

[西瀛虹桥夜景]

西瀛虹桥位于我国台湾地区澎湖县马公市的观音亭海滨公园内，桥上搭有红、橙、黄、绿、蓝、紫六色霓虹灯，以及 12 盏蓝色、黄色灯，在夜间照亮海湾，犹如一道跨海长虹，美丽非凡。

天后宫

在澎湖湾西部的马公镇上有我国台湾地区最古老的妈祖庙——天后宫，这也是我国台湾地区历史上最悠久的古迹。

据记载，天后宫建于明万历二十年（1592 年）。1602 年，荷兰殖民者入侵澎湖，在马公岛登陆，占领天后宫。福建金门守将沈有容率所部赶来，谕荷人退出。此后郑成功收复台湾，在天后宫及其附近驻军。清朝统一了台湾后，赠赐“神昭海表”匾一方，重修庙宇。

[澎湖湾美景]

[鲸鱼洞]

鲸鱼洞位于澎湖湾西北端的小门岛，岛上遍布奇形怪状的玄武岩，黑色岩石间有一个海蚀形成的大岩洞，相传有巨鲸在此受困，故得名。洞内寒冷阴森，好似洪荒之地，洞外巨浪拍岸，气象万千。退潮时，在此听潮音，效果十分震撼。

澎湖文石色泽优美，花纹繁复，且质地坚实，为举世公认的最佳文石。

此后，发生在台湾海峡的若干战争，如中法战争和甲午海战，导致这座庙宇或多或少遭到不同程度的损坏。几百年来，澎湖天后宫历经修整，基本上仍保持旧时庙貌。

在天后宫周围还有许多明清时期遗留的建筑，如四眼井、中央古街、施公祠、万军井等。虽然都是重建的，但依旧可以看出百年以来的繁荣与兴衰。

澎湖湾不但有得天独厚的自然美景和历史建筑、人文景观，还有别具风味的海鲜美食。为招揽游客，澎湖还常年举办各种精彩节庆活动，使游客有天天过节的感觉。

[天后宫]

天后宫的重檐、燕尾脊凌空欲飞，线条流畅。檐下梁柱雕刻、柱础石鼓雕刻、窗棂石雕、墙上装饰石雕以及殿内各处的装饰石雕等无不精细而古朴。

我国台湾地区多台风，农作物很难生长。澎湖湾的农作物非常低矮，没有高大的农作物。当地盛产西瓜、哈密瓜、丝瓜，也被称为澎湖三瓜。

[沈有容]

沈有容(1557—1627年)是明代名将，在他40余载的军旅生涯中，有数十年镇守在福建沿海。正是在这期间，他曾率军三次进入我国台湾岛、澎湖列岛，歼倭寇，驱荷兰入侵者。

[“沈有容谕退红毛番韦麻郎等”碑]

1602年，荷兰东印度公司舰队司令韦麻郎企图夺取澳门不果，转往扼住台湾海峡咽喉的澎湖，准备长期耕耘。1604年，明朝将领沈有容率领兵船50艘、军士2000名前往劝退荷兰人。至今，澎湖马公镇天后宫仍留有“沈有容谕退红毛番韦麻郎等”碑(当时荷兰人被称为红毛番)。

珊瑚业

澎湖列岛有大量的天然海港和渔礁，地处暖流、寒流交汇处，渔业资源非常丰富，当地人主要以海洋养殖和捕鱼为生。

除此之外，我国台湾地区还盛产珊瑚，其中澎湖湾的珊瑚最出名。村民将它们制成漂亮的戒指、项链、耳环等饰品。其光润如珠，坚实如玉，在海内外都十分畅销。

[粉红色珊瑚]

珊瑚形似海树，色泽分深红、粉红和纯白三种，澎湖是全世界四大珊瑚产地之一，所产珊瑚主要为粉红色，深受人们的喜爱。

海上桂林

下龙湾

下龙湾的地貌和广西桂林很像，它虽然没有桂林山水的精致，但是规模上比桂林山水大得多，特别是有些山峰只能乘船才能欣赏到，因此被称为“海上桂林”。

下龙湾是越南北部湾西北海岸的一个海湾，位于越南广宁省鸿基市附近，北面接近中国，东面接近南海。

下龙湾的景致迷人且令人震撼，以至于吸引了很多知名的电影前来取景，如《金刚：骷髅岛》《金刚》《007之明日帝国》等。

每座山峰都不同

下龙湾距离越南首都河内150千米，位于海防东南方164千米处，面积为1500平方千米。海湾内包含约3000座岩石岛屿和土岛，小岛为伸出海面的锯齿状石灰岩柱和无序地排列的小山峰，而且每座山峰都有不同的形状，高低起伏、错落有致地分布在海面上，其中著名的山

[下龙湾美景]

[天堂山]

峰有诗山、青蛙山、斗鸡山、马鞍山、蝴蝶山、香炉山、木头山、天堂山等，此外，还有洞穴和洞窟，几乎每一座山峰和洞穴的背后都有传说与故事。

[斗鸡山]

海上桂林

下龙湾是电影《金刚：骷髅岛》的拍摄地，海湾中的山峰造型各异，景色优美，与桂林山水有异曲同工之妙。要想近距离地欣赏这些山峰，只能乘坐当地小船穿梭其中，沿途不仅有嶙峋的山峦和沿岸而建的法式建筑，山林间、水域中还时常能见到各种稀有的海生及陆生哺乳动物、鱼类和鸟类等，加上随处可见的舢板及帆船，更为海湾增色不少，因此下龙湾成为中国游客口中的“海上桂林”。

下龙湾的传说

关于下龙湾起源有三个传说：第

[天宫洞]

[不计其数的岛屿]

下龙湾究竟有多少岛屿和山峰？至今没有精确的统计数据，据说共有 3000 多座，仅命名的山、岛就有 1000 多座。

关于下龙湾的另一说法：据考证，19 世纪以前，在中国古籍中，此海区所用的名字为安邦、绿水、云屯等，并无下龙湾名称的记载。而在 1898 年“Alavangso”号的船长拉戈鲁丁（Lagoredin）中尉及许多随行船员在北部湾海域三次见到一对巨大的海蛇，法国人认为它们是两条亚洲龙，还有法文出版物称“龙出现在下龙湾”，此后，在法国的航海图中，北部湾海域中就出现了“下龙湾”这个名字。

一个传说称龙猛力跺在地上使山岭崩塌，形成了很快被水填满的谷地，只有山峰浮在水面上；第二个传说称龙的尾巴把大地撕裂，形成谷地和缝隙；第三个传说称天边的神龙降入这里才形成了下龙湾。

[越南钱币背景图]

这是下龙湾打卡地之一，20 万越南盾钞票的背景图。

东方小马尔代夫
芽庄湾

这里的海水如蓝色的宝石一样纯净，散发着诱人的色彩；这里的沙滩一望无际，白沙柔软，潮平水清，海底有千姿百态的珊瑚，是越南首选的潜水胜地，不仅有“东方小马尔代夫”之称，还被誉为“世界最美丽的海湾”之一。

芽庄湾位于越南南部海岸线最东端的丐河口，因一望无际的白色沙滩、卓越的潜水环境而成为旅游休闲胜地，被誉为“世界最美丽的海湾”之一。

芽庄曾经是个贫穷落后的地方，如今成了人气渐旺的旅游区，这里的旅游点和商店写着中文字样，一些小商贩也会说些简单的汉语。

绝美的海湾

芽庄湾背靠芽庄市，面朝南海，中间有岛屿作为屏障，形成一个绝美的海湾。整个海湾有绵延数里的沙滩，其沙质洁白、细腻；周围的海水清澈透明，平均能见度达 15 米，最高能达 30 米。海底有千姿百态的珊瑚，以及形态各异的鱼类穿梭其中，这样的海湾环境极适于游泳、浮潜、深潜、日光浴，是名副其实的海滨旅游胜地。

每年往返芽庄的外国游客除了中国人外，排第二位的就是俄罗斯人。

[芽庄湾美景]

芽庄湾的海风和别处不同，这里的海风中含有丰富的溴和碘，能促进肌体的血液循环，所以到芽庄湾旅游观光的人很多，就是冬天也不例外。

[芽庄海滩上的凉亭]

芽庄海滩上有供游客休息的凉亭、旅馆、冷饮店和美食店，游客在海滩上就能品尝到刚从海里打捞上来的海鲜。

越南首选的潜水胜地

芽庄湾是越南首选的潜水胜地，也是越南最受欢迎的水肺潜水中心，比较知名的潜点有黑岛珊瑚保护区海域，拥有 25 个潜点。这里除了有种类极其丰富的珊瑚、美丽的热带鱼外，有时还能看到鳐鱼和小丑鱼，海底也有一些陡坡和水下岩洞值得探索。

芽庄市很小

对中国人来说，越南最热门的旅游地点应该就是芽庄市，这是一座较为僻静的海边小城。低矮的房屋，喧闹的街道，乌泱泱的摩托车在人流、汽车间隙中穿行，让人好似

在苏联租用越南金兰湾期间，苏联军人及家属们就在毗邻的芽庄度假、生活，开设酒店、餐馆、酒吧，甚至长期居住，以致如今芽庄的俄罗斯街房价极高。

在越南，寺庙是公认的神圣的地方，人们进入寺庙时，衣着须端庄整洁，不可袒胸露背或穿短裤、迷你裙、无袖上衣和其他不适宜的衣服。在街上行走时，要注意避开当街排列的祭祀用品，千万不可踩踏。

[芽庄大教堂]

[芽庄大教堂的内部装饰]

芽庄大教堂的内部装饰并不华丽，四面只是石质的内壁，但却显得十分复古和大气。

[婆那加占婆塔]

婆那加占婆塔也译作天依女神庙，供奉的是天依女神，其日夜守护着靠海生存的当地老百姓，与我国妈祖的地位相当。

婆那加占婆塔建于公元 7—12 世纪，是印度教的代表建筑，位于芽庄湾北端，沿着靠近海边的主路经过一座桥即可到达。

婆那加占婆塔规模很小，仅剩 4 座建筑较完整地保留了下来，虽然景区不大，但是游客却出奇的多，大部分都是中国游客，经常出现人挤人的场面。

[龙山寺]

龙山寺建于 19 世纪后期，寺内的汉字门联、龙纹雕柱等都透露着强烈的中国文化气息。龙山寺有一尊 24 米高的露天白色大佛，在芽庄市区任何地方都能看见。

回到了我国 20 世纪 80 年代的小城。整个芽庄市很小，除了海边外，可供游玩的景点也很少。

芽庄市的现代城市建筑中有很多中国元素，但是历史上芽庄市被法国统治的时间比较久，所以建筑风格受法国影响比较大，芽庄大教堂就是最典型的代表。

芽庄大教堂已有 100 多年历史，是芽庄市最有名的景点，在繁杂喧闹的十字路口一侧。它是仿照法国巴黎圣母院而建的，是典型的哥特式教堂，整座教堂由石头砌造而成，故又称石头大教堂，是芽庄市的地标性建筑之一。

芽庄市内虽然可供游玩的景点不多，但是却不妨碍其成为度假胜地，因为它的海边有完善的海滨度假配套设施，顺应了休闲、健身、旅游的潮流，此外还提供温泉浴、矿泥浴等休闲健身服务，因此，被俄罗斯和中国游客追捧为“东方小马尔代夫”。

芽庄市的历史记载不多，据说这座城市在远古期间曾是占婆国的一部分，当地居民多信奉湿婆。

在芽庄湾，还可以乘船去往海湾中的一些小岛（木岛、银岛、珍珠岛、妙岛、墨岛等）游玩、潜水等，可以在海里尽情游弋，观看美丽的珊瑚。

满足所有对海湾的幻想

海豚湾

这里不仅有美丽的白沙滩、碧蓝的海水、热带独有的风情，还是世界级的潜水胜地，游客可以在海中与海豚竞游，几乎满足了人们对海湾的所有幻想。

[潜水氧气瓶]

民都洛岛有将近 40 个潜点，而大部分优质潜点都在海豚湾。这里既有适合休闲潜水的，也有适合技术潜水的，是著名的潜水训练基地。

海豚湾位于菲律宾南方第一大岛民都洛岛的北部，又称为加莱拉港，是世界上最美丽的海港之一，也是菲律宾著名的潜水胜地，因这里常有海豚出没而得名。

世界级潜水胜地

海豚湾深受上天的眷顾，有着非常棒的海岸线，这里的阳光很烈，海水很蓝，沙滩是银白色的，海中有五彩斑斓的珊瑚礁、有趣的岩层，以及多姿多彩的海洋生物，如海豚、鲨鱼、海龟、螃蟹、小虾、海葵、海鳗和喇叭鱼等，是一个世界级潜水胜地，全年都适合潜水。世

[鸟瞰海豚湾美景]

界各地的潜水爱好者都慕名前来，无论是新手还是老手，无论是浮潜还是深潜，在海豚湾都能找到适合的潜点。

[沉船潜点]

海豚湾有许多潜点，如水穴潜点、各种水底峭壁潜点、沉船潜点等，其中不同的沉船潜点处都有锈迹斑斑的沉船，船身周边生活着各种小鱼和珊瑚等，是潜水者最愿意欣赏到的美景。

与海豚竞游

既然是海豚湾，看海豚一定是首要的项目，在海豚湾只需乘坐当地特有的螃蟹船，跟随有经验的船老大，就能很容易找到海豚，欣赏海豚与渔船竞游的场景。海豚们会成群结队地在船头跳跃，不停地从海面中跃出，好像引领着你前行，场面非常壮观。

[海豚湾中的海豚]

[螃蟹船]

螃蟹船是菲律宾沿海地区常见的一种船只。船的两侧各有 4 根外伸出去的支架，样子有些像螃蟹的脚，因而得名。

白沙滩

海豚湾的白沙滩和长滩岛的一样，非常洁白，而且很干净，周围的海水是蓝绿色的，清澈透明。白沙滩周边店铺林立，酒店、酒吧、餐厅、歌厅应有尽有，而且价格都很实惠。这里是离菲律宾首都马尼拉最近的一个海滩，从马尼拉乘坐本地巴士 1.5 小时就能到达海豚湾码头，因此，来这里游玩的大都是本地人。在这里可以参加各种活动，如潜水、乘帆船出海、打沙滩排球和羽毛球等，晚上在沙滩上还能观看到酒店演员的揽客表演。

[民都洛水牛]

民都洛水牛被当地人称作“他马劳”，平均肩高 1 米左右，体长 2.2 米，是民都洛岛的特产。民都洛水牛生性凶猛，它们在受威胁时会低下头，以角相向，且会不断地摇头。民都洛水牛的数量稀少，大约只有 300 头，且只生存在民都洛岛，被列为极危物种。

[海豚湾白沙滩]

与世隔绝的美景

玛雅湾

这是一个深受阳光眷宠的地方，有洁白的沙滩、宁静的海水、隔世的海湾和天然的洞穴，是近年来一个炙手可热的旅游度假胜地。

[只有一个出口的玛雅湾]

玛雅湾又叫情人沙滩，位于泰国小皮皮岛的西南部，这里的海水清澈，沙滩洁白，自然风景优美，是一个世界著名的海滩。泰国政府曾将这里关闭3年，以使其生态系统从过度旅游的影响中恢复过来，如今已重新开放。

[电影《海滩》的取景地]

隔世的玛雅湾

小皮皮岛上很少有沙滩，在岛屿西南部却有一处被三面峭壁环抱、只有一

[海盗洞内景]

个狭窄出口的绝美海湾——玛雅湾。这里的面积不大，却有令人惊喜的白沙滩和清澈的海水，而且海水不深，可直接看到水底的各种小鱼，红的、黑的、黄的，非常漂亮。这里是整个皮皮岛最出色的潜水地点，浮潜和深潜都很棒。莱昂纳多·迪卡普里奥主演的电影《海滩》曾在这里取景，这处曾经不为人知的秘境因而名声大噪。

[海盗洞入口]

海盗洞

玛雅湾的海岸线上有众多的石灰岩洞，其中有一座石灰岩洞面积巨大，洞内完整地保存了史前人类、大象和船只等的壁画。据传这里曾被当年的安达曼海盗作为窝点使用，所以被称为“海盗洞”或“维京洞”；又因为洞内栖息着很多海燕，盛产燕窝，也被称为“燕窝洞”。这里的海水纯净，海底世界多姿多彩，隐约可见绚丽的珊瑚礁岩，是个潜水的好地方。

泰国的“小桂林”

攀牙湾

这里的淡绿色海面上遍布着奇峰怪石，有的从水中耸起数百米，有的看上去像驼峰，有的则像倒置栽种的芜菁，被誉为泰国的“小桂林”。

[攀牙湾]

攀牙湾紧靠泰国普吉岛的攀牙府，位于普吉岛东北角 75 千米处，整个湾内遍布着珍贵的胎生植物红树林，被誉为“地球之肺”。这里也是普吉岛周边风景最美丽的地方，有泰国的“小桂林”之称。

从普吉岛乘车通过跨海大桥到达攀牙府，然后再乘坐小船即可到达攀牙湾。在这里可以探访各小岛、水上渔村，划独木舟、皮划艇探险，还可以骑大象、看猴子等。

[奇特的小岛]

[壮观的海洞]

1974 年好莱坞影片《007 之金枪人》在此地取景，从此以后这里便成了普吉岛又一个著名的旅游景点，也成了攀牙湾国家公园内最大的亮点。

攀牙湾内遍布数以百计、形态奇特的石灰岩小岛，每座小岛都有一个与其形状极为吻合的名称，其中 007 岛（也称铁钉岛，因 007 系列电影《007 之金枪人》曾在此取景而出名）、钟乳岛石洞（即佛庙洞、隐士洞、蝙蝠洞）更是以其天然奇景而著称。除了石灰岩小岛外，攀牙湾还有巧夺天工的钟乳石岩穴和数不清的怪石、海洞。

[攀牙湾美丽的岩石]

[007 岛]

萤火鱿点亮的海岸线

富山湾

每当日本樱花季到来，富山湾白天就会被万众瞩目的粉色占据，而夜晚却被梦幻般的精灵点亮，成了神秘的蓝色荧光的天下。

富山湾位于日本本州岛日本海侧，其面积约为2120平方千米，是本州岛日本海侧最大的外洋性内湾，海湾内大部分水域水深达300米以上，最深的地方超过1000米，是日本三大最深海湾之一。

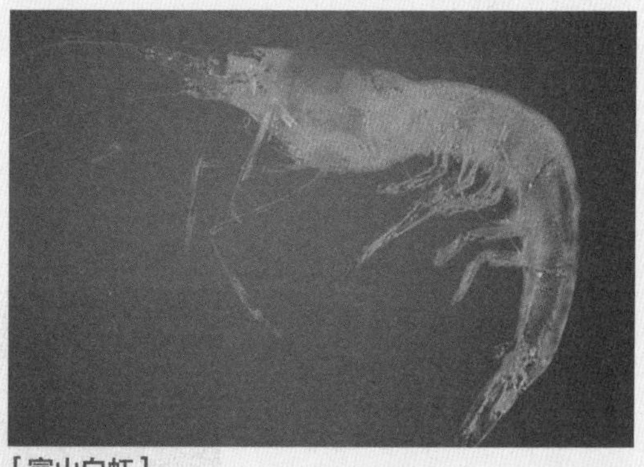

[富山白虾]

富山白虾产量稀少，其外表晶莹剔透，呈现淡淡的粉色，非常美丽，有“富山湾的宝石”之称，整个日本也只有在富山湾才能大量捕捞到。

不可思议之海

富山湾以水质纯净且富有营养而闻名，科学家甚至说这里的深层水的成分与母体的羊水十分相似，富山湾因此有“天然渔场”之称。在日本全域总共可以捕捉到800种以上的鱼，在富山湾就可以捕捉到500种以上，其中有被称为“富山湾的宝石”、鲜甜无比的富山白虾；富山湾的特产、

[冰见番屋街]

冰见番屋街是一处品尝新鲜寒鰤鱼的地方，坐落于富山湾畔的冰见市。

冰见市是一座以“寒鰤鱼”而闻名的海滨城市，而“冰见寒鰤鱼”更是当地最著名的美味，在城内卖海鲜的店铺中，可以尝遍以“冰见寒鰤鱼”为代表的新鲜捕捞的各种海鲜。“冰见寒鰤鱼”非常受欢迎，它们主要在日本料理店内售卖，一个季节仅仅出口国外100条。

个头很小的萤火鱿；肉嫩味美、作为天然高级食材的“寒鰤鱼”等，富山湾因此被称为“不可思议之海”。

[鰤鱼]

鰤鱼由九州南端—北海道南部—富山湾洄游，并且在次年冬季长成1米长、10千克重的成鱼，最后南下产卵，此时被捕捞的鰤鱼称为“寒鰤鱼”，是鰤鱼中最美味的。

美得像幻境

富山湾是地球上观看萤火鱿的最佳之处，这里的萤火鱿也是世界自然遗产之一。每年3—6月，大量的萤火鱿会聚集在富山湾产卵。海流经由海底“V”字形的山谷，由下往上涌，将萤火鱿推到海面之上，每到夜间，海面因它们而粼光闪闪，萤火鱿的光芒会点亮富山湾14千米长的海岸线，幽蓝一片，美得像幻境！

富山湾、相模湾和骏河湾是日本三大最深海湾。

富山湾的表层海水水温因季节的不同而不同，一般为8～30℃，但深层海水的水温则常年在2℃左右，水中氮、磷、硅及各种矿物质含量十分丰富，有机物和细菌含量只有表层水的1/1000～1/10 000。

除了因萤火鱿形成的美景之外，富山湾鱼津每年还会出现10～15次的海市蜃楼。

[被点亮的富山湾]

景色美丽的海湾

东京湾

夕阳西下时海面的粼粼波光、夜空下彩虹大桥闪烁的灯光、缓缓旋转的摩天轮以及相伴的恋人，人们经常在日剧中看到这些熟悉的场景，就是东京湾给人的第一印象。

[鸟瞰东京湾]

狭义的东京湾即是由三浦半岛观音崎及房总半岛富津岬所连成的直线以北的范围，面积约为 922 平方千米；广义的东京湾则包括浦贺水道，即由三浦半岛剑崎和房总半岛洲崎所连成的直线以北的范围，面积约为 1320 平方千米。

东京湾旧称江户湾，位于日本关东地区，因与东京接壤而得名，是一个可以让轮船躲避太平洋风暴的优质港湾。东京湾分为东、西两侧，东侧是千叶县的房总半岛，西侧是位于神奈川县的三浦半岛，而湾底是东京的银座地区，两个半岛之间只留一个狭窄的小开口，由浦贺水道进入太平洋。

东京湾自古就是重要水道

东京湾内有横滨港、东京港、千叶港、川崎港、横须贺港和木更津港等，是通往太平洋的重要水道，而且湾内还有多摩川、鹤见川、江户川、荒川等众多河流注入。历史上，这里是海盗活动猖獗之地和兵家必争之地，不管是从商贸还是战略角度来看，东京湾的重要性都非常明显。

[东京湾美景]

东京拥有世界上最大的铁路交通枢纽，每日客流量达到836万。其铁路、公路、航空和海运组成了一个四通八达的交通网，通向日本全国及世界各地。

早在明治、大正年始，东京湾内就开始建立人工岛作为防御工事，整个海湾除了一座自然岛之外，其他所有岛屿都是人工岛，而且还修建了许多港口码头，以此形成人工岛、港口码头之间的炮台火力网，直到如今，东京湾内的横须贺港仍是驻日美军及日本海上自卫队的基地。

[东京晴空塔]

东京晴空塔也叫东京天空树，位于东京湾边，高634米，仅次于迪拜塔，是东京的一个新地标。晴空塔在350米和450米处设有展望台，登塔可以从高处眺望东京全景。

东京是日本各行政区之首

东京是面向东京湾的国际大都市、日本各行政区之首、日本的文化教育中心、世界上人口最多的城市之一及日本三大都市圈之一东京都市圈的中心城市，狭义上指东京都、旧东京府或东京都区部（旧东京市），亦可泛指东京都市圈。

东京同南面的横滨和东面的千叶地区共同构成了闻名日本的京滨叶工业区，另外东京的金融业和商业发达，对内对外商务活动频繁，日本的主要公司都集中在这里，拥有的世界500强企业总部数量位居世界第二，仅次于中国北京，是日本的经济中心，其中银座是当地最繁华的商业区，素有“东京心脏”之称。

[东京湾落日美景]

东京湾落日是很多日剧中出现过的经典场景。

[钻石与花摩天轮]

钻石与花摩天轮是一座号称“日本第一、世界第二”的超大摩天轮，高达 117 米，可以从相当于 60 层楼的高度俯瞰东京湾、眺望东京塔，将东京的景色尽收眼底。

世界第一大都市圈

从 20 世纪 60 年代开始，日本政府就开始谋划构建依赖东京湾的东京都市圈，将东京湾纵深 80 千米的沿岸及东京周边的城市有机地融合在一起，由横跨东京湾的海底隧道、海湾中的大桥、人工岛，将海湾的东西岸无缝连接起来，以此形成了世界上人口最多、城市基础设施最完善的第一大都市圈。因此，东京湾作为世界上第一个主要依靠人工规划而缔造的湾区，成为人工规划湾区建设的典范。

日本显然是迄今为止最热衷于建造摩天轮的国家，据统计，日本有 20 多座 100 ~ 120 米高的摩天轮。

东京有 100 多个博物馆，最大的是东京国立博物馆，展出日本古代历史文物和艺术珍品，有雕刻、武器、陶瓷、绘画等。东京的博物馆种类很多，包括交通博物馆、船舶博物馆、香烟博物馆等。

御台场

对游客来说，东京湾就是指湾内沿海一带，其中最值得一提的就是御台场，在这里可以欣赏到迷人的风景——钻石与花摩天轮、小型自由女神像和彩虹大桥。

御台场又称台场，是东京湾上的人造陆地，港口码头既有蓝天碧水，也有高楼

[彩虹大桥]

彩虹大桥的正式名称为东京港联络桥，1987 年动工，1993 年 8 月 26 日通车，全长 798 米，分上下两层。

林立的都市风光，是东京最新的娱乐场所、购物中心集中地，也是各国游客到日本观光的必到之地和最受欢迎的重要旅游景点，尤其受到年轻人的青睐。

"黑船"事件

1853年，美国人马修·佩里率"黑船"到东京湾（那时还叫江户湾）溜达一圈之后，整个日本朝野震惊了。

虽然在此之前，日本幕府早已知道除了中国之外，还有其他强国存在，但为了维持绝对统治，自17世纪30年代实行了严格的闭关锁国政策后，德川幕府依旧较为稳定地统治了日本数百年。美国人的舰船耀武扬威地出现在东京湾后，东京城外大小寺院内钟声齐鸣，妇孺凄厉地哭喊，有钱人准备逃往乡间，更多的人拥进神社，击掌祷告神灵，乞求"神风"再起，摧毁"黑船"……

在"黑船"武力胁迫下，最终，日本签下了近代第一个不平等条约《神奈川条约》。此后日本开始明治维新，向西方人学习。

[古画中的"黑船"形象]

[马修·佩里雕像]

美国人马修·佩里虽然入侵东京湾，但他并没有被日本国民所憎恶，而是作为日本开明教化的英雄被日本人传颂，甚至在日本有其雕像，纪念其率领舰队打开日本国门。日本人认为如果没有佩里，日本可能继续闭关自守，沦为殖民地。

由于美国舰队的船体涂有防止生锈的黑色柏油，因而被日本人称为"黑船"。

1853年，美国人马修·佩里率"黑船"突然造访东京湾，因此，由于防卫上的紧急需要，日本政府匆忙赶制了海上炮台并设置在此御敌，从此这里便称为台场。

阿拉伯海之皇后

科钦湾

这里既有悠久的历史、璀璨夺目的文化，也有美丽的风景，被美国《国家地理》杂志评为“全球十大乐土”和“一生必去的50个地方”之一。

科钦湾是位于印度西南岸、面对阿拉伯海的一个海湾，海湾的岸边是被誉为“阿拉伯海之皇后”的科钦城，其拥有优良的海港，水上运输非常发达，是印度喀拉拉邦最大的城市。

16世纪开始，葡萄牙人、荷兰人、英国人相继来到南印度，他们将从印度各处搜集来的香料集中到科钦湾，然后再运往世界各地，科钦成了当时印度香料的集散地，同时也成了印度西南阿拉伯海和拉克代夫海边上的一座重要港口城市。如今，科钦的众多古迹大部分都集中在科钦堡，它们融合了中世纪的葡萄牙、荷兰、英国和印度本土的特色，漫步街头，经常让人有置身欧洲小镇的错位感。

[科钦堡内的火炮]

葡萄牙殖民者曾靠强大的火力，一次次击退反扑的印度大军，最著名的一次战役就是科钦战役。

[科钦战役]

葡萄牙和卡利卡特的全面冲突爆发后，卡利卡特领主扎莫林倾巢而出，集结了其藩属城邦的大批军队，企图拔除葡萄牙在科钦堡的据点，结果却遭到了出乎意料的灾难性失利。兵力不足200人的葡萄牙殖民地守备队，凭借各种手段，抵抗来势汹汹的8万印度大军长达数月之久。最终，失去信心的围攻者退兵而去，从而留下了一段堪称奇迹的战争史经典，被称为“葡萄牙的温泉关”。

中国渔网

在科钦堡附近的海滩上常有人用巨型渔网捕鱼，这种渔网被称作中国渔网，这是当地的一大特色，也是一大著名景观。相传这是元朝忽必烈时期，中国商人带来的捕鱼方式，也有说是明朝郑和下西洋的时候传来的，还有说是葡萄牙人从澳门带过来的，到底什么时候传入科钦的，当地人也说不清楚，反正称这种渔网为中国渔网。这种渔网被撑开固定在长杆上，利用杠杆原理捕鱼，捕鱼效率既高又省力，逐渐取代了当地原有的利用独木舟捕鱼和叉鱼的方式，并沿用至今，成为科钦湾的美景之一，到访的游客都会在大渔网下拍照留影。

[中国渔网]

这是关于渔网的传说之一。传说，郑和下西洋途中曾三次到达喀拉拉邦。他在最后一次下西洋时，行至距科钦 200 千米外的卡利卡特港（当时叫古里），在这里走完了他传奇的一生，船队中有一些人留在了古里。后来由于洪水泛滥，这些人迁往科钦，并将中国渔网带到了那里。

在殖民时代以前，科钦只是一个渔村，1503 年，葡萄牙人获得了科钦一带滨水地区的统治权，开始了 160 年的经营，并将此地打造成一个堡垒式的小镇。1683 年，荷兰人从葡萄牙人手中夺取科钦堡，并拥有科钦堡 112 年；1795 年英国击败荷兰，成为这里的主人，直到 1947 年印度独立，科钦堡才结束了被外国人控制的历史。

随处可见的教堂

在科钦堡，教堂随处可见，其中有两座教堂很著名，分别是圣弗朗西斯教堂和圣克鲁斯大教堂。

圣弗朗西斯教堂已有近 500 年的历史，是南印度最早的天主教堂，据记载，达·伽马因成功探索印度，掠夺了大量的香料、丝绸、宝石等，受到葡萄牙国王的额外赏赐，1519 年受封为伯爵。1524 年，他被任命为印度副王，以葡属印度总督身份第三次赴印度后，不久染疾逝世，被安葬于圣弗朗西斯教堂。

圣克鲁斯大教堂没有圣弗朗西斯教堂那么古老，它以精美而闻名，大部分来到科钦湾的游客都会到此一游。

[圣弗朗西斯教堂]

[圣克鲁斯大教堂]

喀拉拉邦自古就以文化发达而闻名，也是唯一完好地保存着梵文、古代印度天文学、瑜伽经等经典的乐土，因此生活在这里的人也被认为是印度文化素质最高的。

印度因长期受西方殖民，所以即便不会说当地话，只要能听懂英语，基本上就能在科钦乃至印度通行无阻。

非洲篇

以海豹而闻名
豪特湾

它是一座美景如画的渔港，渔船、游艇桅杆如林，成群的海鸥穿梭其间，湛蓝的天幕上团团云朵覆盖着青山，景色如梦如幻。这里还有著名的海豹岛，乌泱泱的海豹几乎占据了整座岛屿。

[海豹岛上肥硕的海豹]

如果天气好，在豪特湾还可以远眺开普敦有名的十二门徒峰。

豪特湾的海豹其实不是海豹，而是海狗，这两种动物有本质区别，但是人们已经习惯的将这里的海狗称为海豹，也就只好将错就错了。

[查普曼公路]

豪特湾是南非开普敦附近的一个海湾，其藏于山峦之间，从开普敦开车沿着美丽的查普曼公路大约 20 分钟车程即可到达。

豪特湾是一座美景如画的渔港，也是史努克梭子鱼工业与龙虾渔船队的总部。码头上现存有南非早期的鱼市场——现为一家颇具特色的海鲜零售商场“水手码头”，至今仍然完好地保持着古老的外貌。鱼市场附近遍布餐馆和礼品店，游客可在此享受到丰盛的海鲜龙虾餐。渔港有很多渔民在忙碌，渔船、游艇桅杆如林，成群的海鸥穿梭其间，湛蓝的天幕上团团云朵覆盖着青山，景色如梦如幻。

豪特湾最有名的地方是离渔港码头 100 多米的德克岛，这是一座光秃秃的小岛，岛上没有树，更没有花草，除了岩石就是海滩，整座岛上乌泱泱的全是海豹，因此这座岛屿也被称作海豹岛。

海豹岛是海豹的天堂，这里栖息着几千只海豹，它们很懒散，而且很肥硕，有的甚至比肥猪都要肥，它们躺在沙滩、岩石上相互打闹或在水清见底的海水中玩耍。

当地政府为了保护这个海豹栖息地，禁止游客上岛。豪特湾码头有专用游艇带游客前往观赏，游艇在离岛很近的地方缓慢绕行，游客可以近距离观赏海豹们捕食、嬉水、栖息的情景，也可以搭乘透明玻璃底的船，悄悄地行船至海豹岛沿岸，静静地欣赏难得一见的海豹水底生活。

风高浪急之后的平静海湾

福尔斯湾

这里是世界上最美丽的地方之一，有丰富的人文景观、得天独厚的海滨美景以及崎岖的山脉，是整个非洲最让人觉得悠闲和放松的地方。

[开普敦有南非特色的建筑]

福尔斯湾又译作法尔斯湾，位于南非开普半岛南侧，其三面环山，湾内是良好的避风港。由于早期的水手常常将其与北部的桌湾相混淆，所以又被称作“错湾、错误湾”。

早在2500多年前，波斯先民就从福尔斯湾迈出了登上历史舞台的重要一步。他们先后建立起阿契美尼德与萨珊这两大王朝，成为能主宰西亚历史进程的超级势力。

不过一切事物都有两面性，公元635年，阿拉伯军队也是从福尔斯湾登陆，成为波斯人的噩梦。

南非最大城市开普敦

福尔斯湾距离南非最大城市开普敦的主城区很近，而开普敦是南非的工业、商业、教育中心和立法机关所在地，同时也是南非重要的空军基地和海港。随着开普敦的发展，其城区已经扩大

[无处不在的企鹅]

成群的开普企鹅在沙滩上活动，有的在孵蛋，有的在照顾小企鹅，有的在涉水，有的在水中游泳……它们无处不在！

[好望角]

关于“好望角”名字的由来有两种说法，故事均发生在15世纪：一是探险家迪亚士奉葡萄牙国王若奥二世的命令，绕过非洲大陆最南端，寻找一条通往马可·波罗所描述的东方“黄金乐土”的海上通道，迪亚士在探险途中发现了好望角，却因风暴而未能绕过去，回国后，若奥二世认为绕过这个海角，就有希望到达梦寐以求的印度，因此将“风暴角”改名为“好望角”；二是葡萄牙探险家达·伽马在迪亚士的航海经验基础上，绕过了风暴角到达印度，在他回国后，葡萄牙国王曼努埃尔二世将“风暴角”易名为“好望角”，以示绕过此海角就带来了好运，不过，1500年，“好望角之父”迪亚士再航好望角，却遇巨浪而葬身于此，或许证明“风暴角”才是最合适的名字。

到福尔斯湾北岸。

开普敦始建于1652年，是西欧殖民者最早在南部非洲建立的据点，故有“南非诸城之母”之称，曾长期是荷兰、英国殖民者向非洲内陆扩张的基地。300余年中曾数度易主，历经荷兰、英国、德国、法国等欧洲诸国的统治及殖民。如今开普敦虽然地处非洲，却集欧洲和非洲的人文、自然景观于一体，因此名列世界最美丽的都市之一，也是南非最受欢迎的观光都市。

美好希望的海角

好望角的意思是“美好希望的海角”，其位于福尔斯湾北岸南端，距开普敦市中心约50千米。好望角是一个细长的岩石岬角，像一把利剑直插入海底，在狂风的吹打和汹涌澎湃的海浪数千年的撞击下显得乱石嶙峋，是非洲一个非常著名的标志。

好望角地处来自印度洋的暖流和来自南极洲水域的寒流的汇合处，受温差很大的两股冷暖气流的夹击，因此这里风暴强劲，常年惊涛骇浪不断，此外，常常

[开普企鹅]

开普企鹅又叫非洲企鹅、斑嘴环企鹅、黑足企鹅，是一种较为珍贵的企鹅品种。开普企鹅是实行一夫一妻制的表率，一旦认准，企鹅夫妻一直夫唱妇随，形影不离，终生厮守。开普企鹅的叫声短促，类似驴叫，所以又称“叫驴企鹅”。

有“杀人浪”出现，整个海面如同开锅似的翻滚，航行到这里的船舶往往遭难，因此，这里最开始被称作“风暴角”，是世界上最危险的航海地段之一，水手们把好望角的航线比作“鬼门关”。

企鹅海滩

企鹅海滩东临福尔斯湾，位于距开普敦约 40 千米的西蒙斯敦镇，这里是非洲大陆唯一能看到企鹅的地方。当地政府专门开辟了一片海滩（博德斯海滩）作为保护区，里面生活着数千只企鹅。

西蒙斯敦镇背山面海，建于 1687 年，已有 330 多年的历史，是最古老的开普殖民地之一，也是从开普敦前往好望角的必经之路。这里曾经是南非海军基地所在地，如今因为企鹅而知名，这些企鹅由于生长在开普敦，因此被命名为开普企鹅。

福尔斯湾有多种娱乐项目，除了游玩好望角和企鹅海滩外，还可以体验航海、垂钓、观鲸、拍摄鲨鱼和潜水等项目。

多种多样的娱乐项目

在福尔斯湾可以体验多种多样的娱乐项目。

拍摄鲸

在福尔斯湾内可欣赏到鲸，因为这里面朝两大洋的独特地理位置，鲸常会随着惊涛骇浪跃出海面，吸引着众多摄影爱好者来此拍摄鲸，福尔斯湾因此成了著名的鲸拍摄地。

垂钓

福尔斯湾内风平浪静，盛产鱼类，如杖鱼、梭鱼、龙虾等，乘坐帆船或在岸边岩石上垂钓，都是不错的选择。垂钓完后还可以在岸边找个小饭店，直接将渔获加工成美味，再点几份当地的特色海鲜，如非洲龙虾等，一同和酒品尝，这种诱惑力是无人能抗拒的。

航海体验

在福尔斯湾航海也是一项不错的娱乐活动，可以在船老大的指挥下，乘船或亲自掌舵，在海湾内或干脆将船开出海湾，体验惊涛骇浪拍打船只的情景，感受强劲的海风和海岸风光。

福尔斯湾属于地中海气候，冬季凉爽多雨，夏季温暖干燥，年降水量达 800 毫米。盛产鱼类，还是著名的鲨鱼拍摄地。

因"上帝的餐桌"而得名

桌湾

这里有时尚现代的街区、风格多样的艺术、云雾缭绕的桌山、海风习习的沙滩，让桌湾显得既壮观又美丽。

[俯瞰桌湾]

从非洲大陆最南端的好望角向北方望去，远处一座山顶很平的山会清晰地出现在视线内，这便是非洲很有名的桌山，西边紧靠桌山的海湾是一个天然良港，也因桌山得名为桌湾，又被译为"塔布尔湾"。

[桌山]

公元1500年，葡萄牙航海家萨尔达尼亚发现桌湾。1510年，葡萄牙人阿尔梅达曾在桌湾登陆。1652年，荷兰人赞·范里贝克在南岸桌山山麓建立永久性居民点（后发展成开普敦），开始对南非的殖民历史。

桌山

桌山位于开普敦城西部，意为"海角之城"，是一

[云雾缭绕的桌山山顶]

[桌山缆车]

桌山缆车可 360 度旋转，这是全世界为数不多的可 360 度欣赏美景的缆车。

组群山的总称，包括狮子头、信号山、魔鬼峰等，其主峰海拔 1087 米，长逾 3 千米，宽 200 多米，开阔无比，平展得似一个巨大的桌面，被当地人称为“上帝的餐桌”。桌山四周几乎都是笔直的绝壁，徒步攀登桌山是一件非常危险而辛苦的事情，可以选择乘坐缆车上山。

站在桌山山顶，可俯瞰繁华的开普敦和繁忙的桌湾，以及湾内著名的罗本岛。

桌山千姿百态，气势磅礴，植被十分茂密，郁郁葱葱，种类多达 1470 种；山上随处可以看到鸟类、豚鼠、岩兔、狒狒、狸猫等动物，它们会在岩石上、小道旁、

桌山地区的狮子和豹子现在已经灭绝。

桌山是世界公认的七大奇迹之一，终年云雾缭绕的山顶更为它增加了神秘的气氛。它因贴近开普敦市而被该市政府选为“南非之美”的宣传路标。

桌山就像是一位端坐在大西洋边的历史老人，是南非近 400 年现代史最权威的见证者。

[曼德拉雕像]

曼德拉于1994—1999年任南非总统，是南非首位黑人总统，被尊称为“南非国父”。1964年6月，曼德拉被当时的南非白人政府判处终身监禁，开始在罗本岛服刑，直至1982年才被转移到波尔斯摩尔监狱，1990年出狱。

南非是世界上唯一一个存在三个首都的国家，分别为行政首都茨瓦内（比勒陀利亚）、立法首都开普敦和司法首都布隆方丹，它们分别位于南非的北部、南部和中部。

树林间嬉戏，甚至会肆无忌惮地在游客的身边活动，还会蹲在一边让游客慢慢观赏和拍照。

死亡岛

罗本岛有“死亡岛”之称，是桌湾中的一座小岛，其面积为13平方千米，是南非最大的沿海岛屿。

这里没有土著人定居，曾一度成为麻风病人的隔离地，之后又成为殖民者关押黑人反抗运动首领的地方。1960年以后，罗本岛成为南非当局关押政治犯的监狱，先后关押过3000多名黑人运动领袖和积极分子，曼德拉就曾被关押在这里。

1996年年底，罗本岛监狱的犯人被全部释放，这里正式成为一个向公众开放的博物馆。如今的罗本岛还保持着作为监狱的原貌，铁门、铁丝网随处可见，杂乱的灌木丛中排列着低矮的囚舍，显得十分荒凉。

罗本岛犹如南非的一部历史教科书，承载着几百年来南非种族隔离制度和反种族隔离斗争的厚重历史。

[桌湾酒店]

桌山山脚下那幢有着淡蓝色楼顶的建筑就是桌湾酒店。桌湾酒店是开普敦最豪华的酒店，坐落在开普敦历史悠久的桌湾码头。

以产出牡蛎而闻名于世
蚝湾

这里不仅有原始的荒野、遍布奇特岩石的悬崖峭壁、狭长孤立的美丽海滩和茂密的原始森林，还有美味的生蚝，吸引着游客们纷至沓来。

蚝湾位于南非东开普省最美丽的海岸线边缘，是一个沿海小村庄，也是南非一处优美的度假胜地。这里有一条徒步的小道，可以穿越荒野、原始森林、悬崖和布满怪石的海滩。

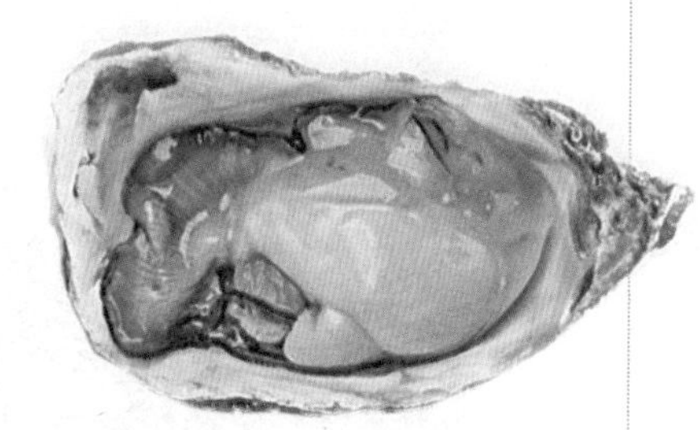

[生蚝]

让人回味无穷的鲜美

蚝湾以产出牡蛎（生蚝）而闻名于世，在蚝湾最大的乐趣，除了欣赏美景之外，就是吃生蚝。这里的生蚝鲜美可口，无污染。岸边有许多饭店都提供生蚝等海鲜美食，说是饭店，实际上只是在岸边用木材简易搭建的木棚，随意粗犷，却让人充满亲切感。依照店主的介绍，

[蚝湾]

[蚝湾海岸]

点两滴柠檬在生蚝上，和着生蚝肉汁一口吞下，既能感受到咸咸的海水，又能体会到混合着阳光的滋味，有种让人回味无穷的鲜美。

[海獭]

海獭是蚝湾自然保护区中的著名观赏动物之一。

更加有仪式感的吃生蚝方法

法国著名的短篇小说巨匠莫泊桑在其最著名的小说《我的叔叔于勒》中描述："父亲忽然看见两位先生在请两位打扮很漂亮的太太吃牡蛎。一个衣服褴褛的年老水手拿小刀一下撬开牡蛎，递给两位先生，再由他们递给两位太太。她们的吃法很文雅，用一方小巧的手帕托着牡蛎，头稍向前伸，免得弄脏长袍；然后嘴很快地微微一动，就把汁水吸进去，牡蛎壳扔到海里。"在蚝湾，可以直接到海边，翻开浸泡在海水中的岩石，然后掰下吸附于岩石下的生蚝，学着小说《我的叔叔于勒》中描述的方法，用刀撬开生蚝，一托一吸完美诠释法国贵族最优雅的吃生蚝方式。

[法国著名的短篇小说巨匠莫泊桑]

在蚝湾，除了能享受美味的生蚝外，还可以欣赏岸边原始的荒野、遍布奇特岩石的悬崖峭壁、狭长孤立的美丽海滩和茂密的原始森林，景色古朴秀美，让人流连忘返。

恬淡而生动的非洲风情

马普托湾

这里有非洲最具吸引力的港湾和城市，整个海湾有无数绝美的海景，是莫桑比克漫长海岸线上的一颗明珠。

马普托湾旧称德拉瓜湾，位于莫桑比克的东南部，靠近南非边界，是连接印度洋和大西洋海上通道的重要节点，也是印度洋、大西洋的航运要冲，地理位置重要。

马普托湾南北长 112 千米，东西宽 25 ~ 40 千米，最深处达 18 ~ 20 米，最浅处为 5.5 米，挖有一条长 9 千米的深水航道，有马普托河、因科马蒂河等注入。

马普托湾最窄的位置宽度不到 700 米，有马普托大桥横跨东西两岸。北岸是莫桑比克大港、最大城市和首都马普托市，湾东的伊尼亚卡岛是有名的旅游胜地。

马普托有较大的炼油厂和面粉厂，还有锯木、制糖、轧棉、水泥、烟草加工等工业。马普托港则是东非主要港口之一。

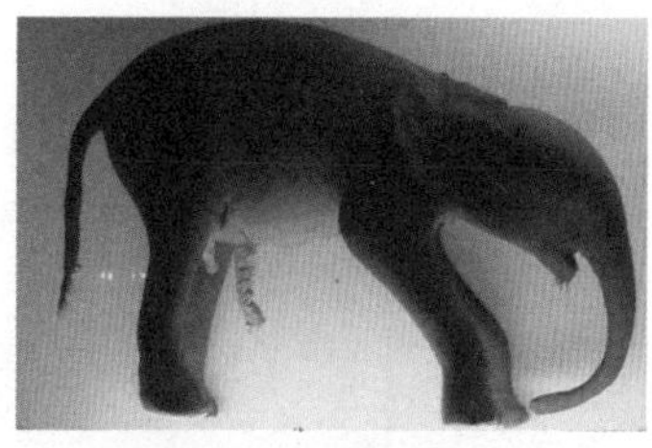

[珍贵的象胎标本照片]

马普托自然历史博物馆内有一组非常珍贵的象胎标本，这是世界上独一无二的。整组标本一共有 13 个象胎，最小的两个月，最大的 20 个月，模拟 22 个月期间母象从怀胎到生产时象胎的变化情况，据说为了找齐这一组象胎标本，葡萄牙人猎杀了 1 万多头大象。

[马普托港]

[马普托天主教教堂]

莫桑比克国民中的 28.4% 信奉天主教，但也有 17.9% 信奉伊斯兰教，所以就餐的时候，如果是在穆斯林经营的餐馆就不要点啤酒了。

马普托市

1544 年，葡萄牙商人兼航海家洛伦索·马贵斯发现这里，并开始建立居住点，因此，马普托市最早的名字叫作洛伦索－马贵斯，后来随着更多的西方人涌入，这里成了西方殖民者从南部非洲输出象牙、奴隶的口岸和印度洋贸易的中间站，也是去往南非的钻石和黄金产地的门户。1907 年成为葡萄牙殖民地首府，1975 年莫桑比克独立后定为首都。

如今，马普托市分布着许多莫桑比克重要的政府机构、商业机构

[马普托城堡]

马普托城堡距今已有近 500 年历史，是葡萄牙殖民统治时期扼守马普托湾的军事要塞。其地处马普托湾北岸，附近有马普托火车站、海事博物馆、马普托轮渡码头等。

和博物馆，是到莫桑比克旅游的必到之地。

[伊尼亚卡岛美景]

伊尼亚卡岛位于马普托湾东部，是莫桑比克的岛屿。其长 12 千米，宽 7 千米，面积 52 平方千米，最高点海拔为 104 米。

马普托海滩

马普托港码头附近有一条将非洲海滨风情串成一道别致景观的滨海大道。滨海大道的一边是马普托市区，另一边是海湾内最有名的马普托海滩。每当退潮的时候，随着海水退却，沙滩会随之变成 400 ~ 500 米宽。金色沙滩上点缀着众多的水塘，水塘中有来不及跟随潮水而去的小鱼和小虾在乱窜，水面映着蓝天白云和雄伟的马普托大桥，向游客展现一幅恬淡而生动的画卷。

原始而古老的海湾

贝宁湾

这是个毫无装点的海湾，一切都是那样的原始而古老，甚至有点破旧且有几分沧桑。

尼日河是西非的“母亲河”，它孕育了西部非洲古老的文明。过去，尼日河沿岸盛产金子，因而它又被称为“金河”。然而，由于这个地区的沙漠化、干旱和常年饥馑，加之河流经常无规则改道，致使沿岸许多居民长期过着迁徙的生活。但是这一带依然保留下来了深厚的文化和迷人的民族风情。

贝宁的主要矿藏有石油、磷酸盐、大理石、铁、黄金、石灰岩、高岭土和硅砂等。其渔业资源丰富，海洋鱼类约有257种。

贝宁湾亦称邦尼湾，位于几内亚湾东部，是非洲西部的一个海湾。

奴隶海岸

贝宁湾从圣保罗角向东延伸640千米至尼日河的农河口，正北方是贝宁共和国。

1553年，有一艘英国商船首次闯入贝宁湾，此后一直到19世纪，整个湾区都成为奴隶贸易场所，因此，贝宁湾尼日河三角洲以西沿海环礁湖地区有“奴隶海岸”之称。有多条河流流入贝宁湾尼日河三角洲地区，海湾沿岸有多个港口，其中最重要、最有名的港口是科托努港。

科托努

科托努是贝宁共和国最大的港口和第一大城市，

[奥巴马海滩]

在贝宁湾有一个名字让人惊掉下巴的海滩，即奥巴马海滩，海滩上的沙子很细，是贝宁湾中最有名的海滩。

也是贝宁的政治、经济、交通和外贸中心，贝宁的中央机关、各国驻贝宁外交机构等均设在科托努。19 世纪时，科托努曾是法国殖民者的军事据点，后在港口贸易活动的基础上逐步发展起来，1965 年建成人工深水港。

贝宁是世界上最不发达国家之一，经济以农业为主，粮食作物有薯蓣、木薯、甘薯、玉米、豌豆、蚕豆及花生。棕榈仁和棕榈油是贝宁最主要的出口产品。

诺库耶湖

诺库耶湖位于科托努北面，面积为 150 万平方千米，距今已有 300 多年历史，1996 年，被联合国教科文组织列入世界遗产名录。相传殖民者到达贝宁之后，当地的阿贾族人为了躲避部族间的争斗和奴隶贩子的追捕而来到诺库耶湖，用木桩插入湖底，并在水面上搭建起一座座高脚屋，栖身避难，后来逐渐形成了今日规模的水上村庄。

整个诺库耶湖及周边沿岸有 42 个水上村庄，其中有一个著名的村庄叫冈维埃，它被人们称为“非洲威尼斯”，冈维埃在阿贾族语中意为“幸存之地”。

冈维埃是整个诺库耶湖最大的一个水上村庄，里面住着 3.5 万村民，他们依靠捕鱼为生，交通全靠船。

早在 15 世纪末期，贝宁就和欧洲开始了大规模的贸易往来。与积极参与奴隶贸易的邻国相反，贝宁帝国自始至终都对与欧洲国家进行奴隶贸易一事采取了消极态度，和西方的主要贸易商品是香料、象牙、棕榈油和棉布。

[冈维埃水上屋]

1961 年 6 月 6 日，美国哥伦比亚大学地球观测站记录下了“地球脉动”：每 26 秒跳动一次。2011 年，科罗拉多大学成功定位地球脉动的信号声源，其位置在非洲西海岸几内亚湾的贝宁湾。

[国宝级文物贝宁青铜匾]

1897 年 1 月 12 日，英国授权好望角中队远征贝宁帝国。1897 年 2 月 18 号，英军很轻松地攻占了这个国家，然后对其首都进行了洗劫和屠杀，贝宁帝国积累了上千年的财富成了英军的战利品，其中就包括该国的国宝级文物贝宁青铜匾。抢劫之后，英国人放火，将这里烧了三天三夜，有着千年辉煌历史的贝宁帝国随之灰飞烟灭！

邂逅天堂来的尤物

鲸湾

这是一个让人心情激荡飞扬的地方，有恬静的港城，也有喧闹的海洋，火烈鸟、鹈鹕、海鸥在海上飞翔，海豹、鲸在海中遨游。

鲸湾一般指鲸湾港，也称为沃尔维斯港，位于非洲纳米比亚中部海岸线上，是一个重要的港口和旅游城市。

纳米比亚共和国原称西南非洲，北同安哥拉、赞比亚为邻，东、南毗博茨瓦纳和南非，西濒大西洋。海岸线长 1600 千米。全境大部分地区海拔为 1000 ~ 1500 米。

鲸湾是从安哥拉的洛比托到南非的开普敦之间近 3000 千米长的大西洋海岸上唯一的深水港。

现代化港城

鲸湾港是一个现代化港城，是纳米比亚第二大城和唯一的深水良港，也是南部非洲第五大港，它可停泊 3 万吨级轮船，年吞吐量超过 100 万吨。

鲸湾港还是纳米比亚的主要进出口中心、重要商业和贸易中心、最大海运中心、最大渔业中心。

鲸湾港是纳米比亚的咽喉，有铁路与首都温得

[鸟瞰鲸湾]

[欢迎来到鲸湾]

[鲸湾美景]

和克及各主要矿区相通，还有全天候的国际机场，水、陆、空交通都十分方便，在纳米比亚各主要城市中是很难得的。

> 纳米比亚气候干燥少雨，年平均气温 18 ~ 22℃，有春（9—11 月）、夏（12 月—次年 2 月）、秋（3—5 月）、冬（6—8 月）四季。

海湾附近多鲸

1487 年，这里被葡萄牙人迪亚士率领的船队最先发现，后来成为欧洲远洋船队驶往亚洲的补给基地，曾经是“最佳停靠站”，号称“世界第二好的水域港湾”。18 世纪前，占领南非的荷兰人曾对它进行过考察，由于该海湾附近多鲸，因此被称作沃尔维斯湾（Walvis Bay，荷兰语或德语中的意思就是鲸湾）。鲸湾先后被西方殖民者占领，纳米比亚独立后，直到 1994 年，鲸湾才成了纳米比亚的领土。

> 纳米比亚是个多民族的国家，共有 13 个民族，大的民族有奥万博、赫雷罗、那马、辛巴和达马拉。

> 纳米比亚矿产资源丰富，有“战略金属储备库”之称，主要矿藏有钻石、铀、银等，尤其是钻石生产驰名世界。

白人众多

鲸湾面对大西洋，背靠有 8000 万年历史的沙漠，

[鲸湾网红餐厅]

[鲸湾的盐场]

这是纳米比亚最大的盐场，是私人产业，用旁边的海水倒灌在盐场地中晒干后便成了盐，可以作为工业盐与食用盐，主要出口到巴西与加拿大。

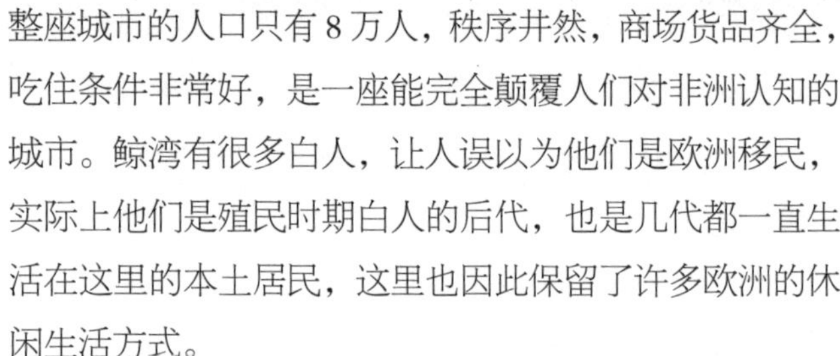

整座城市的人口只有8万人，秩序井然，商场货品齐全，吃住条件非常好，是一座能完全颠覆人们对非洲认知的城市。鲸湾有很多白人，让人误以为他们是欧洲移民，实际上他们是殖民时期白人的后代，也是几代都一直生活在这里的本土居民，这里也因此保留了许多欧洲的休闲生活方式。

鲸湾港区及附近地区有大量的石油资源。

纳米比亚90%的海运货物由鲸湾港装卸。

鲸湾有繁忙的货港，也有旖旎的海滨风光，还有生猛海鲜。

沙漠的尽头就是大海

鲸湾的亮点就是大海、盐场、沙漠、火烈鸟和海豹，这里缺少雨水，甚至连续几年都不下雨，因此这里的大海和沙漠是连在一起的。沙漠的尽头就是大海。茫茫的沙丘起伏蜿蜒，其中生活着羚羊、狼狗、狐狸、猎豹和各种沙滩上的小动物等，简直就是一个迷幻的世界。

观看火烈鸟的地点距离鲸湾港不远，站在海边可看到滩涂上栖息着大量通体粉红色的火烈鸟，它们体态优美，翩翩起舞，非常漂亮。

[鲸湾港码头]

成千上万只海豹

这里虽然名叫鲸湾，但是因为捕猎者几个世纪以来肆意捕杀，如今这里的鲸并不多见，取而代之的是成千上万只活泼可爱的海豹。距离鲸湾港不远的鹈鹕岬潟湖的海豹滩，就是观赏海豹的绝佳地点。

顾名思义，鹈鹕岬有大量的鹈鹕栖息，这些鹈鹕铺天盖地，一会儿从船左边飞向右边，一会儿又从前面飞到后面。海豹滩上布满密密麻麻的小黑点，这些便是海豹，它们守护着自己的领地，当有外来入侵时，便会集体发出鸣叫声，非常震撼，当游艇靠近海滩，这些海豹并不惧怕人类，它们会主动靠近并乞讨食物。

只要你投喂了食物，这些海豹会知足地跃入水中，或者继续讨好你，希望获得更多的食物。

在鲸湾海域除了有炫舞的火烈鸟、可爱的海豹外，还有海豚、鲨鱼等各种海洋生物。

鲸湾最有意思的是天空与大地同色：在海上，海是蓝黑色的，天空是灰暗色的；在盐场，大地是粉红色的，天空也是粉色的；在沙漠，大地是黄色的，天空就是灰黄色的。

[火烈鸟]

火烈鸟栖息于浅滩，以小虾、蛤蜊、昆虫、藻类等为食。觅食时头往下浸，嘴倒转，将食物吮入口中，把多余的水和不能吃的渣滓排出，然后徐徐吞下。其性怯懦，喜群栖，常万余只结群。

红色并不是火烈鸟本来的羽色，而是来自其摄取的浮游生物。火烈鸟常常食用螺旋藻，而螺旋藻中除含有大量的蛋白质外，还含有一种特殊的叶红素，使火烈鸟原本洁白的羽毛透射出鲜艳的红色。红色越鲜艳，火烈鸟的体格就越健壮，越吸引异性火烈鸟，繁衍的后代就更优秀。

1994 年 2 月 28 日午夜，南非将鲸湾归还给纳米比亚。为了纪念这一历史时刻，纳米比亚邮政于当天发行了一套纪念邮票，共 3 枚。图案分别是鲸湾港口的轮船、鲸湾鸟瞰图和地图（鲸湾所在的位置清晰地显示在纳米比亚地图上）。

游客既能观看到巨大的盐场、火烈鸟遍布的堰湖，还可乘游艇畅游海上，与海豚嬉戏，去探访令人难忘的海豹滩，更可乘滑翔机或骑沙滩车饱览沙漠风光，体验大自然的神奇。

[鹈鹕]

鹈鹕分布于全世界的温暖水域，为大型游禽。其喙长，喉囊发达，适于捕鱼，但不贮存。主要栖息于湖泊、江河、沿海和沼泽地带。常成群生活，善于飞行和游泳，在地面上也能很好地行走。

独特倒沙入海奇观

三明治湾

这里一边是白浪滔天的大西洋，一边是黄沙飞舞的大荒漠，沙、海交汇处上演着令人心醉的交响乐，浪打沙倒的声音瞬间将沙漠、海洋、天空融为一体，仿佛一场时空间的对话。

[三明治湾]

三明治湾位于纳米比亚的纳米布－诺克鲁夫特国家公园内，距离鲸湾以南 48 千米，这里一边是沙漠，一边是海洋。

[三明治湾沙漠中废弃的村庄]

三明治湾旁边曾经有一个小村庄，如今仅剩木架了。从 1960 年开始，居民就离开了这里，所以这片区域也就成了无人区。

世界上面积最大的沙丘之一

沿着鲸湾盐碱滩涂中的一条沙路前行，可进入沙漠深处，这便是世界上最古老的纳米布沙漠，由这个沙漠环绕而形成的大西洋海湾，就是三明治湾。

三明治湾的沙漠是纳米布沙漠中形成时间相对较短的一部分，沙子多呈金黄色。三明治湾的强大风力不断改变着沙丘的形态和高度，使它成为世界上面积最大的沙丘之一。2013 年，这里被联合国教科文组织列为世界自然遗产。

[三明治湾绵延起伏的沙丘]

倒沙入海，令人惊艳的自然奇观

到达三明治湾后，在海的另一侧是沙丘，需驾驶越野车爬上百米高的沙丘，这是一个考验越野车操控技术的地方，稍有不慎，车轮就会在沙丘上失去摩擦力，导致无法前行，或是无动力时，车会随着重力下坠。通过在这样的沙海“冲浪”，车子一波接一波地翻越小沙丘后，就可以到达海边的高沙丘。也可以从沙丘的底部徒步攀爬到沙丘顶部，爬沙丘比爬山艰难很多，脚会陷进沙里下滑，需要手脚并用。到达山丘顶部后，人们瞬间就会被眼前的景象震撼：不远处是连绵起伏的金色沙丘和风疾浪涌的大西洋，沙丘被浩瀚的大西洋紧紧拥抱着、吞噬着，上演着非洲的狂野与柔情，在白浪和沙丘之间，沙入海、浪冲沙，形成了独特的倒沙入海奇观。这是一种世界奇观，也是三明治湾名称的由来。

[一边是海洋，一边是沙漠]

和海豚做恋人

海豚湾

人们通常只能在海洋馆或动物园中近距离接触海豚，然而在这里不仅可以和海豚一起在海面上追逐打闹，还可以触碰、抚摸它们。

海豚湾的海豚大致分为两种：一种是小型的宽吻海豚，它们游速很快，据说可达每小时 5 ~ 11 千米，最快可达到每小时 35 千米。它们常常集体活动，数量较多；还有一种大型宽吻海豚，身体接近黑色，只有三五只一起活动。

海豚湾位于毛里求斯西岸的塔马兰小镇，这里高山环绕，景色十分优美，有金黄色的海滩、深绿色的大海、温暖的阳光，充满了热带地区的魅力。这里是层层叠叠的珊瑚礁上的一处缝隙，因为缺少珊瑚礁的阻隔，海浪可以拍出五六米高的浪花。

[海豚湾]

毛里求斯发现海豚已有十多年的历史，海豚最常出没在 3 个海湾：绢毛猴湾、黑里维埃尔湾和南部的黎明海湾，其中绢毛猴湾也就是我们常说的海豚湾，也是这里最出名的海豚出没点，遇见海豚的概率最高，数量也最多。

在海豚湾，从海滩看向海洋深处，海水的颜色由绿色变为宝蓝色，最后直至深蓝色。每天上午 9 点半到 10 点左右，乘坐快艇来到这片海域，就能邂逅大量的野生海豚，它们在海面上起起伏伏，或晒太阳，或寻觅食物，或嬉戏、跳跃，那场面绝对不同于海洋馆或动物园中所见的，很是壮观。

[海豚湾中跃出海面的海豚]

此时可以坐在快艇上乘风破浪，追寻海豚的身影，在美丽的大海上飞速航行，享受与海豚竞逐的乐趣。除此之外，还可以直接跳下海去，与海豚一起畅游，“共浴”在大海的怀抱之中，经历一生中既难忘又刺激的体验。

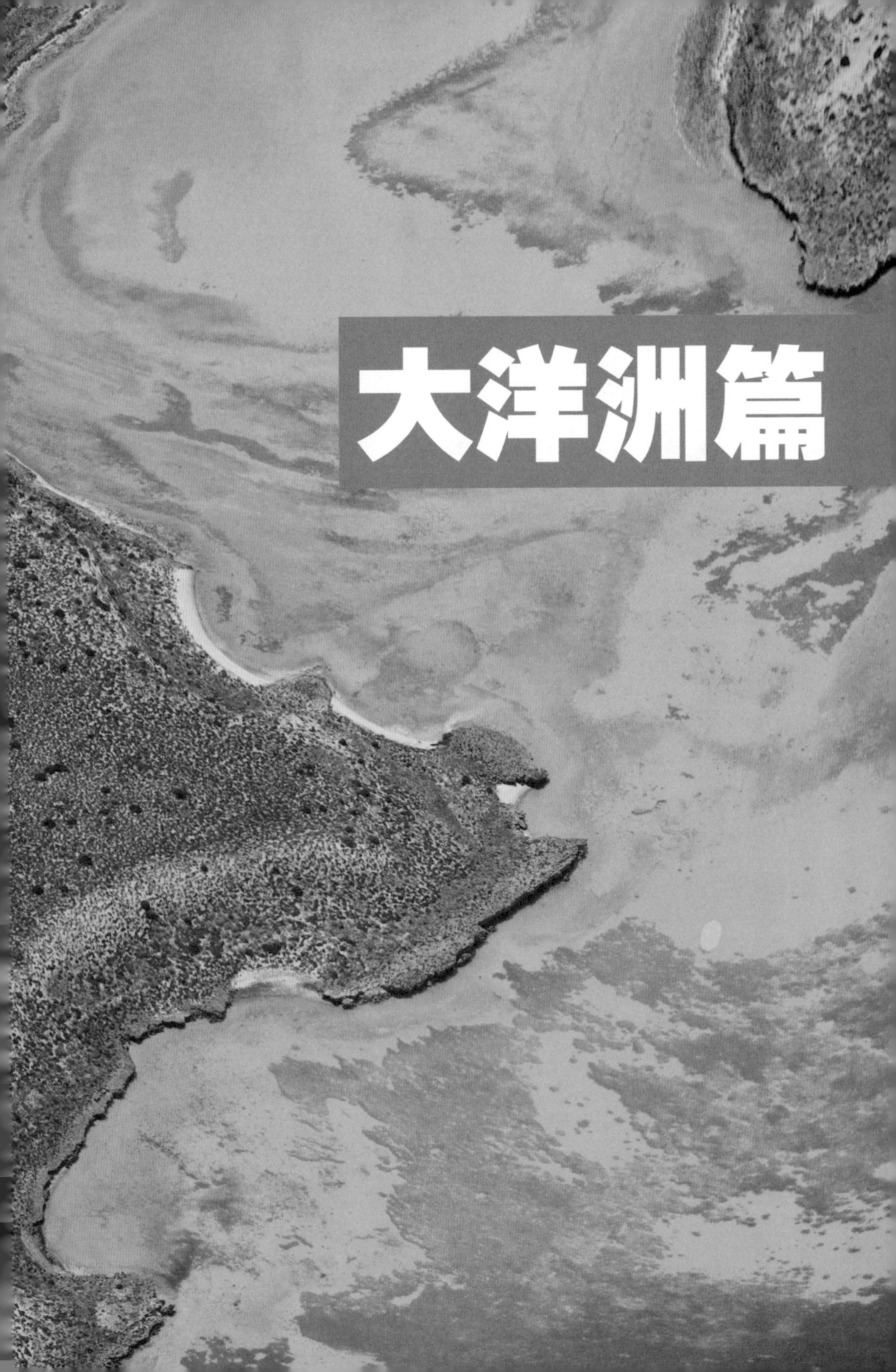

大洋洲篇

中国人起的名字

恐龙湾

这是一个面积很大的“U”形海湾，水浅、浪小、鱼多，有各种天然的珊瑚礁，是来夏威夷的游客最喜欢的潜水胜地。

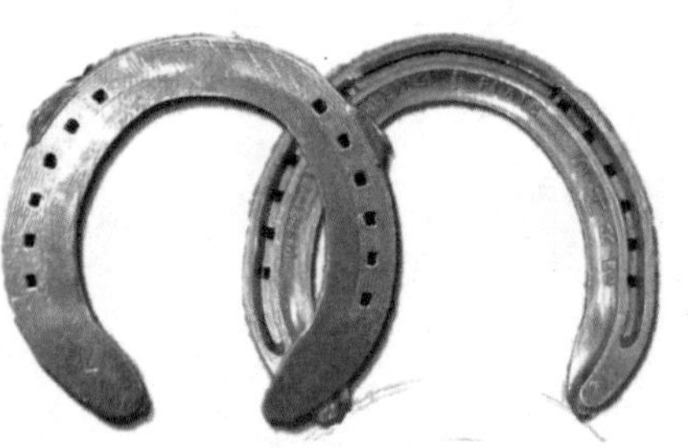

[马蹄铁]

为了保护马蹄不受伤害，马主人都会在马的脚掌上钉上“U”形的马掌，所以每当马走过松软一点的地面时，都会留下“U”形脚印。

马克·吐温曾说：“夏威夷是全世界最美丽的群岛。”作为夏威夷群岛中第三大岛的欧胡岛则堪称夏威夷的心脏，恐龙湾就位于欧胡岛上。

恐龙湾有许多形象的名字

恐龙湾也称为鳄鱼湾，更有欧洲人称其为马桶圈。据说恐龙湾这个名字是中国人起的，因为从海湾的一头远远望去，其外形就像是一头恐龙窝在海水中。恐龙湾还有一个名字叫作马蹄湾，

[恐龙湾美景]

[鸟瞰恐龙湾]

鸟瞰恐龙湾，其形如一只巨型的鳄鱼张开着大口在喝水。

欧胡岛位于可爱岛和茂宜岛之间，是美国夏威夷州的首府，也是夏威夷群岛中人口最多的岛。

恐龙湾是电影《蓝色夏威夷》的外景地之一。

恐龙湾白天日照充足，很晒，建议做好防护措施；最好自己带浮潜用品，浮潜时只能看鱼，不能触摸和喂食。

因为其有一面海岸受海浪万年不变的拍击后倒塌，变成了像被马蹄踩过的形状。

夏威夷最理想的潜水地之一

恐龙湾是欧胡岛上的一座海滩公园，鸟瞰整个海滩，就像一幅大自然鬼斧神工创造出来的现代派抽象画。这是一个由火山喷发出的火山石堆砌而成的海湾，海水非常清澈，浪很小，海里有很多矿物质，还有珊瑚礁石、海龟和聚集的热带鱼类，如扳机鱼、黄色的唐鱼、喇叭鱼、天使鱼等，是欧胡岛最理想的游泳和浮潜地点之一。恐龙湾水下的鱼类长得很肥，胆子非常大，只要手捧鱼食，放入水中，它们甚至敢一哄而上，从投喂者手中抢夺食物，抢完后直接游走。

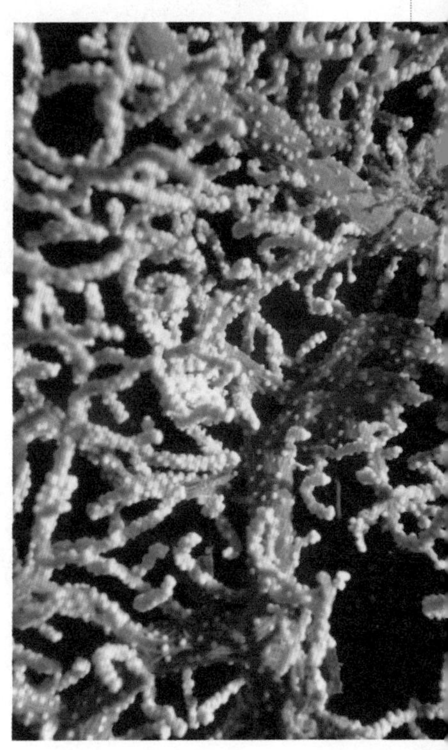

[水下珊瑚]

恐龙湾的鱼因常年被游客喂养，造成了海水污染，使水下珊瑚礁石大面积地受到破坏。当地政府为防止海湾进一步被污染，如今限制每天只允许 3000 名左右的游客到访，并规定每星期二不开放。

无与伦比的美丽和吸引力

鲨鱼湾

鲨鱼湾的整个地貌会让人感叹大自然色彩丰富的画笔，或许是上帝装满颜料的画桶，不小心撒下的一片片随意的色彩；或许是随意挥洒的灵感：似田园风光的油画，似印象派画风，又似中国的泼墨山水画……

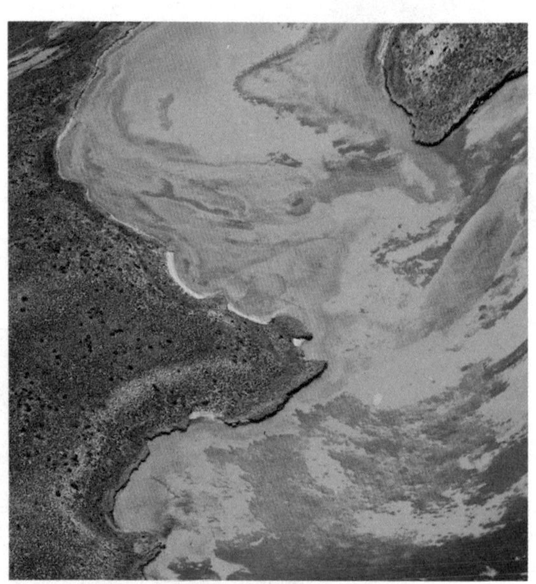

[鸟瞰鲨鱼湾]

鲨鱼湾是澳大利亚最大的海湾，面积大约为 2.3 万平方千米，有超过 1500 千米的绵长海岸线。

鲨鱼湾有很多保护区和保留地，包括鲨鱼湾海洋公园、弗朗索瓦·佩伦国家公园、哈麦林潭海洋自然保护区和很多被保护的岛屿。

鲨鱼湾位于西澳大利亚州西北海岸的加斯科因，也是澳大利亚的最西点，往南距离西澳大利亚州首府珀斯约 830 千米，面积约为 230 万公顷。

无与伦比的美丽和吸引力

鲨鱼湾有三个独具一格的自然特点：拥有世界上最大的海床和最丰富的海草资源；拥有世界上数量最多的儒艮（海牛）；拥有大量叠层石，还是 5 种濒危哺乳动物的栖息地。因此，被联合国教科文组织列入《世界遗产名录》，成为西澳大利亚州三处世界自然遗产之一。

鲨鱼湾拥有超过 1500 千米长的海岸线，沿途有众多美景可欣赏，其中最具代表性的有猴子米亚（Monkey Mia，又译作芒基米亚）、海洋公园水族馆、贝壳海滩、哈麦林潭叠层石、弗朗索瓦·佩伦国家

[猴子米亚岸边的宽吻海豚]

公园等，都有着无与伦比的美丽和吸引力。

西澳大利亚州三处世界自然遗产分别是鲨鱼湾、波奴鲁鲁国家公园、澳大利亚监狱遗址之弗里曼特尔监狱。

猴子米亚

猴子米亚是鲨鱼湾内的一处海滩，距离德纳姆约 25 千米，这里并非因为猴子而出名，而是因有号称“全世界最友善的海豚”而出名。

在猴子米亚清澈如绿松石色的海水中，常能与温顺且聪明的宽吻海豚邂逅，据当地人介绍，在 20 世纪，当地有一个渔民喂食了一次海豚后，后来这只海豚每次都会带来几个同伴等待渔民喂食，就这样，慢慢演变成了当地奇特的风景线。

经常活跃在这个海域的海豚有 20 ~ 30 只，其中有七八只海豚会经常性地游到岸边，与游客互动，其他海豚也会偶尔游到岸边，探出头做可爱状。在这里，还能在管理员的指导下，给海豚投喂食物，是亲子游的理想之地。

世界上只有三个贝壳沙滩，除了鲨鱼湾外，一个在加勒比海的圣巴特斯岛，另一个在中国的无棣。

在贝壳海滩入口处有块牌子，提示大家这里的贝壳不能带走。作为鲨鱼湾的一部分，贝壳海滩已被列为世界自然遗产，以便更好地保护这片白色的海滩。

[贝壳海滩]

贝壳海滩的入口处较高，由于海湾内地势很低，海水只进不出，炎热、干燥和多风导致海水的蒸发率很高，加上降雨量很少，几乎没有淡水补充，导致这里的海水盐度比一般地方的高出两倍，这些因素为贝壳们创造了最天然的繁育温床，它们在这里自由、任性地生长，迅速繁衍，在这个高盐度的环境中出生、死去，无数生命的循环后，最终整片海滩的沙子都被贝壳取代了，它也因此获得“贝壳海滩”这个当之无愧的名字。

[贝壳岩]

贝壳海滩上的贝壳经过几千年的变迁、挤压，有些已经形成了贝壳岩，当地居民曾经以海滩上的贝壳岩为材料建造房子等，现在已经被严格禁止。

除此之外，猴子米亚还有各种奇特的海洋生物，如温驯的儒艮、鳐鱼和海龟等，它们将整个海域点缀得格外美丽。

贝壳海滩

这是一个特别的海滩，它不以沙子细腻、柔软或色彩迷人而闻名，而是一个堆满贝壳的海滩。

贝壳海滩距离德纳姆约 45 千米，海滩上的贝壳堆积如山，蔓延整整 110 千米，其中高达 7 ~ 10 米的地方有近 60 千米，整个海滩由几十亿个贝壳经过 4000 多年的累积而成，远远望去就像被洁白的雪花覆盖一样，因而成为澳大利亚最白的海滩之一，也是世界上三大完全由贝壳形成的海滩之一，被誉为“世界上最奢侈”的海滩，美国《国家地理》杂志称它为“世界最美的沙滩”之一。

叠层石

叠层石位于鲨鱼湾的哈麦林潭，距离德纳姆约 100 千米。

在哈麦林潭海边很不规则地散落着无

鲨鱼湾海域和岛屿中的动物远离人类的打扰，据统计，在鲨鱼湾海域中生活着超过 1 万头儒艮，是世界上最大的儒艮生存繁殖地。鲨鱼湾内还生活着 26 种濒临灭绝的澳大利亚哺乳动物，包括褐色的小袋鼠、鲨鱼湾鼠和酯袋狸等。

哈麦林潭与贝壳海滩一样，海水只进不出，海水的蒸发量远远高于平常水平，海水的盐度足足高出普通海域的两倍。

[哈麦林潭叠层石]

这些叠层石年龄都在 35 亿年以上，成长速度每年仅 0.33 毫米。这种要用亿年为单位来计算寿命的叠层石是考古中的地质瑰宝。

数棕褐色的石块，这些石块的形状、大小各不相同，虽然看起来并不起眼，但是它们却是活的，而且是地球上最古老的生物化石，有 35 亿年以上的历史，是以蓝藻为主的微生物生命形式。它们通过生长和代谢过程中吸收和沉淀矿物质，形成叠层状的有机沉积，通常由一层碎屑层、一层有机层交替叠置而成，被称为叠层石。

哈麦林潭有世界上最丰富多彩、存留面积最大的叠层石，这里的叠层石是全球为数不多还能继续生长的。来到此地，与这些人类已知的最古老的活化石在一起，会让人有一种穿越到 35 亿年前亲眼看见地球原貌的感觉。

除此之外，鲨鱼湾的弗朗索瓦·佩伦国家公园也有独特的地形地貌，如崎岖的海边悬崖、安静的礁湖。而海洋公园里则有各种生物，包括令人眩目的珊瑚和丰富的水生生物，如海龟、鲸、海豚、儒艮、海蛇和鲨鱼等。

[叠层石]

叠层石按外形不同可分为柱状、球状、层状和层柱状等几大类。由于柱状叠层石的形态随着时间的演化而有规律性地变化，它们可以作为晚前寒武纪地层划分和对比的标志。

叠层石是由大量海藻形成的硬质圆形沉积物，是地球上最古老的生命形式之一。

世界上一些地质学家和古生物学家已广泛运用叠层石组合特征划分晚前寒武纪地层，划分精度达 2 亿年左右。

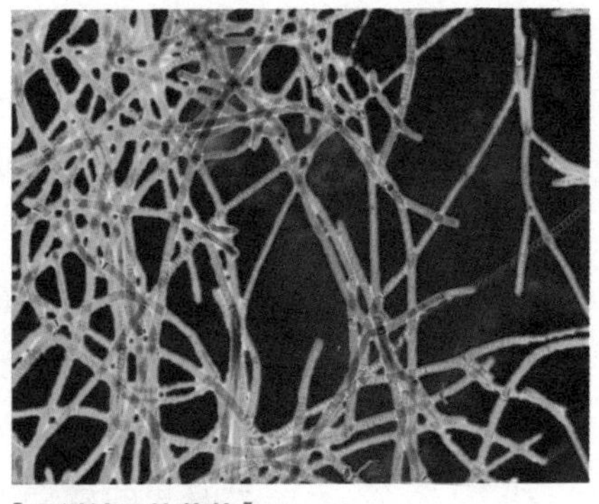

[显微镜下的蓝藻]

轮廓分明的半月形海湾
酒杯湾

在这片人间净土上，弧形的海岸线把绵延的白沙滩围成酒杯的形状，清澈无垠的蓝色海水向岸边翻涌，宛如酒杯沿上的泡沫，海天一色，浪吻白沙，景色迷人。

[宛如酒杯沿上泡沫的白沙滩]

酒杯湾位于澳大利亚塔斯马尼亚州的东海岸，是菲欣纳国家公园的一部分，距离霍巴特市 200 多千米，被参差错落、粉红色与灰色相间的大理石峰赫胥斯山环抱。

世界十大最美海滩之一

酒杯湾的湾口稍小，湾底较大，是一个原始而纯净的海湾，仿佛一个轮廓分明并晶莹剔透的酒杯，碧蓝的海水就好像盛在酒杯里的清凉啤酒，绵延雪白的沙滩宛若酒杯沿上的泡沫。远远望去，酒杯湾的碧海之上波光潋滟，浪吻白沙，景色十分迷人，它是塔斯马尼亚东海岸一颗耀眼的明珠，并多次被评为“世

关于酒杯湾名字的另一个传说

酒杯湾名称的由来有很多种说法，其中有一种说法还隐藏了一段人类黑暗的捕鲸历史。相传，在 19 世纪 20 年代，这个海湾内有大量的鲸，吸引来大量的捕鲸船在此围捕，捕鲸人追赶着鲸并用钢叉捕捉，使鲸的血液染红了整个海面，整个海湾像是一个盛满红酒的酒杯，因此得名酒杯湾。

界十大最美海滩”之一。

最不可错过的景点

从菲欣纳国家公园入口处，沿着公园内 600 多级台阶前行，便可爬上赫胥斯山顶，山顶上有个观景台，在此可欣赏彩色花岗岩，还可以俯瞰山脚下精雕细琢、海岸线绵延 30 千米的酒杯湾，美妙的酒杯弧度、缤纷的色彩、纯白的沙滩卧于群山之中，碧海无迹，波涛翻滚，被翠绿的树林环抱；海风习习，林涛阵阵，蓝天白云倒

[酒杯湾观景台]

塔斯马尼亚州被称为“全世界气候最佳温带岛屿”。全州约 40% 的地方被正式列为国家公园、自然保护区或世界自然遗产。

[鸟瞰酒杯湾]

[酒杯湾上的海滩]

映在海湾上，尽显大海的狂野和宁静，煞是漂亮，被誉为塔斯马尼亚“最不可错过的景点”，是澳大利亚最美的景观之一。

酒杯湾的白沙、海水、彩色花岗岩相映成趣，在此除了可以欣赏摄人心魄的美景之外，还可以钓鱼、航海、丛林漫步、游泳、潜水、海上划艇、攀岩等，是一个不可多得的休闲度假之地。

[酒杯湾的彩色花岗岩]

酒杯湾所在的塔斯马尼亚州的气候温和宜人，被称为“全世界气候最佳温带岛屿”。其四季分明，各有特色。

夏季（12 月至次年 2 月），气候温和舒适，夜长日暖，平均最高温度 21℃，平均最低温度 12℃；

秋季（3—5 月），平和清爽，阳光普照，平均最高温度 17℃，平均最低温度 9℃；

冬季（6—8 月），清新凉爽，山峰都布满了白雪，平均最高温度 12℃，平均最低温度 5℃；

春季（9—11 月），凉爽清新，绿意盎然，是天地万物苏醒重生的季节，平均最高温度 17℃，平均最低温度 8℃。

地球上最热烈的石头乐园

火焰湾

这里有绵延的纯白沙滩、一望无际的湛蓝海水和一堆堆红色石头，被誉为“地球上最热烈的石头乐园”。

[火焰湾美景]

宁静的火焰湾中有世界上最热烈的石头。

火焰湾位于塔斯马尼亚岛东海岸的北部，距离澳大利亚名城墨尔本南部 240 千米，其绵延 29 千米，不是一个单一的海湾，而是一连串有着洁白细沙的极品沙滩。

火焰湾名字的由来

1773 年，英国航海家托拜厄斯·弗诺在一次航行中远远看到塔斯马尼亚岛上有一个被火烧得通红的海湾，他以为自己的船被原住民发现了，原住民燃火以示警告。等托拜厄斯·弗诺率领船员小心谨慎地靠岸后，才发现虚惊一场，原来那是海岸岩石上爬满的红色地衣，于是就把这个

[火焰湾爬满红色地衣的岩石]

[火焰湾美景]

海边都是大块的火红色石头，仿佛燃烧着的火焰一般，火焰围着钴蓝色的海水，是不可多得的拍照圣地。人们可以顺着大石块爬向海里，一直延伸到浩瀚的太平洋中。

另外一个说法：殖民者看到原住民们在用火烧荒地垦荒，大火映红了半边天，所以叫火焰湾。

海湾命名为“火焰湾”。

[火焰湾]

火焰湾以白沙、红岩和湛蓝海水而著称。白沙之细就如同踩在面粉上一般，而沙滩周边的岩石和岬角上到处都是标志性的橙红色地衣。

火红色的花岗岩

火焰湾拥有纯白的沙滩，却因为火红的花岗岩巨石而名满天下，这些花岗岩本身并非火红色的，而是因为在海滩周边的岩石和岬角上到处都是标志性的橙红色地衣，使岩石看上去是火红色的。在晴朗的蓝天下，被阳光照射后，这些花岗岩巨石就像火在燃烧一般，色彩变得格外鲜明。2009 年，火焰湾被世界知名旅游指南《孤独星球》评为“最有价值的十大旅行地”之一。

美丽的沙滩

火焰湾被潟湖环抱，水很浅，而且清澈见底，从远至近呈不同深度的蓝色，与岸边火红色的岩石相映成趣，鲜明的红蓝色彩对比，带给人一种独特的视觉享受。在这极静、极净的海边，可以晒日光浴、漫步海滩、冲浪踏水、捡贝壳，还可以在海滩边生起篝火、露营。这里还是一个潜水胜地，在海底可以看到美丽的珊瑚、水下洞穴和丰富的海洋生物，甚至还能看到海豚。

新西兰最美丽的度假胜地之一

金海湾

这是一个被阳光浸透的地方，有蔓延数千米的沙滩、碧绿的海洋和湛蓝的天空，景色古朴原始，是新西兰最美丽的度假胜地之一。

金海湾又名黄金湾，是塔斯曼海和库克海峡交汇处的一个凹入南岛陆地的海湾，在海湾最北部的送别角至海湾最南部的阿贝尔·塔斯曼国家公园之间，有绵延 45 千米的海岸线，是新西兰第二大海湾。

[阿贝尔·塔斯曼]

第一个发现新西兰的欧洲人是荷兰探险家阿贝尔·塔斯曼。

名字的由来

1642 年，荷兰探险家阿贝尔·塔斯曼受荷属东印度总督安东尼·冯·迪门之命，去寻找“失落的南方大陆”，当他的船队来到这个海湾时，遭到毛利人的袭击，损失了 4 名水手，塔斯曼便把此地命名为“杀人湾”；而法国探险家迪蒙·迪尔维尔则将这个海湾改名为更恐怖的名字“屠杀湾”；1840 年，有人在海湾附近发现了煤炭矿，因此这里被改名为“煤炭湾”；后来在海湾的科林伍德地区发现了金矿，因此这里又被改名为“金海湾”。

[华拉里基海滩]

华拉里基海滩是金海湾中的一个美丽的海滩，也是一个十分狂野的海滩，汹涌的海浪不断冲刷着岩石，这里不适宜游泳，但却是当地有名的网红打卡地，能拍出非常唯美的照片。

送别角

送别角位于金海湾最北端，也是南岛最北端，延伸 30 多千米直入塔斯曼海，有一座类似象鼻山造型的悬崖，是金海湾有名的景点。

送别角一直是一块不毛之地，毛利人称

[送别角]

送别角形如象鼻，是一座伸入塔斯曼海的悬崖。

[搁浅在送别角的鲸]

新西兰是世界上常有大批鲸搁浅的国家之一，史上最严重的一次发生于 1918 年，当时有大约 1000 头鲸搁浅。最近的一次是 2017 年 2 月，400 头领航鲸搁浅在新西兰的送别角，仅 100 头存活，却不愿离开。

阿贝尔 · 塔斯曼国家公园于 1942 年 12 月建立，以纪念荷兰探险家阿贝尔 · 塔斯曼发现新西兰的金海湾 300 年。

[阿贝尔 · 塔斯曼国家公园美景]

毛利人 (Māori) 是新西兰的原住民和少数民族，属于南岛语族——波利尼西亚人。“Māori”在毛利语中表示“正常”或“正常人”之意，当欧洲人进入新西兰后，毛利人便如此自称。欧洲人则称他们为“Pakeha”(原意有“反常人”的意思。)。

其为“欧尼塔胡阿”，意思是“堆积的沙子”，这里常年受风沙侵蚀，整个海域行船极为不便。1869 年，为了改善航道，当地政府在送别角上修建了一座灯塔，在灯塔周边种上了防风林，从此这里不受风沙侵害，成为各种鸟类的栖息地，每当北半球的秋季来临，塘鹅、斑尾鹬、滨鹬、麻鹬、杓鹬和石鹬就会长途迁徙到此过夏天。

阿贝尔 · 塔斯曼国家公园

阿贝尔 · 塔斯曼国家公园建立于 1942 年，其名字源于荷兰探险家阿贝尔 · 塔斯曼，它是新西兰最小的国家公园，位于金海湾最南端，占地面积 225 平方千米。

这个公园虽小，却是新西兰最具特色的公园。该公园内混合生长着新西兰北岛和南岛的植物，让人在一个地方便可欣赏到南、北两岛的植被，而且园中的野生动物和鸟类繁多，包括海燕、企鹅、海鸥、燕鸥、苍鹭、鹿、山羊和野猪等。此外，该公园的海岸线漫长，而且沙滩的沙质优良，海水清澈，游客可在公园中垂钓、捡贝壳、驾驶帆船、划船、游泳、爬山、打猎和森林探险等。

美洲篇

世界最佳天然港湾之一
旧金山湾

这是一个曾经充满淘金梦的海湾，出生于旧金山的诗人罗伯特·弗罗斯特是这样描述的："我是其中一个听过传说的孩子，灰尘总是在镇上飞扬，除非当海雾散去，飞扬的灰尘中有些是黄金……"

[九曲花街限速"不得超过 5 英里"]

九曲花街又名伦巴底街，是旧金山的知名景点，它是世界上最弯曲的街道，很短的街区内有 8 个急转弯，40 度的斜坡加上弯曲如"Z"字形的道路，十分考验驾驶技术。为了防止交通事故，特意修筑花坛，车行至此，时速不得超过 5 英里（8 千米）。

旧金山湾位于美国加利福尼亚州西部，由没入海水中的河谷形成，几乎全部被陆地环绕。其长 97 千米，宽 5 ～ 19 千米，经金门峡与太平洋相通。整个海湾就像一个大口袋，但与大海连接的口子很小，是世界上最佳天然港湾之一。

旧金山

旧金山原名为耶瓦布埃纳，又名圣弗朗西斯科，华侨称为三藩市，是 1847 年墨西哥人以西班牙语命名的。

19 世纪中叶，旧金山是美国淘金热的中心地区，早期华人劳工移民美国后多居住于此，称之为“金山”，当澳大利亚的墨尔本发现金矿后，为了与被称作“新金山”的墨尔本区别而改称为“旧金山”。

[旧金山唐人街]

旧金山唐人街是美国西部唯一一个可与纽约唐人街相比的地方，这里有 8 万余名华侨居住，完全是一个城中之国，异国情调十足。在唐人街内见到的招牌都是用汉字写的，听到的也都是汉语，唐人街内有“中华门”牌坊、孙中山雕像等，这是一个让华人非常有熟悉感的地方。

唐人街依然保留着过农历中国新年的传统。每当过年，唐人街上就会搭起粤剧戏台，商铺也开始兜售各种年货，如福字、春联等。街边是烧腊店、杂货铺和层层霓虹，邻里间大声唠着家常，温馨淳朴。

旧金山三面环水，环境优美，是一座太平洋沿岸的港口城市，是世界著名的旅游胜地、加利福尼亚州人口第四大城市，也是旧金山湾区长久以来的文化、经济和都市中心，被誉为“最受美国人欢迎的城市”。

旧金山是一个度假胜地，人文、自然景观和购物中心、餐馆等应有尽有；意大利人、中国人、西班牙人、日本人和南亚人等不同的聚居区点缀在这块土地上。

旧金山融合了现代与古典的精致街道、遍布街头的维多利亚式建筑、希腊罗马式艺术宫，无不吸引着人们的注意力，它是美国最多姿多彩的创意之城。

早在 1579 年，英国探险家弗朗西斯·德雷克就发现了这个连接太平洋和旧金山湾的海峡，尽管金门这个名字在 1849 年的淘金热以前早就使用，但淘金热使得金门（进入北加利福尼亚的入口）成了加利福尼亚西部风情不可缺少的一部分。

[美国旧金山艺术宫]

美国旧金山艺术宫原建于 1915 年，本是为了巴拿马“太平洋万国博览会”所盖，当时曾吸引了 1800 万游客参观，但在会后就被废弃，如今这里已成为旧金山人常去的休闲地。

[“金门大桥之父”斯特劳斯雕塑]

约瑟夫 · 斯特劳斯为该桥的首席工程师，被称为“金门大桥之父”，享有“20 世纪最伟大工程师”之一的荣誉。金门大桥尾端有一座雕像，是 1938 年他逝世后为纪念他而设立的。

金门大桥是世界上最漂亮的大桥之一。它如今已不是世界上最长的悬索桥，但却是最著名的之一。

旧金山湾区

旧金山湾区是加利福尼亚州的一个大都会区，整个湾区总人口数在 760 万以上，也是美国人均所得最高的地区之一，为美国西海岸仅次于洛杉矶的最大都会区，位于沙加缅度河下游出海口的旧金山湾四周，包括多个大小城市，最主要的城市包括旧金山半岛上的旧金山、东部的奥克兰，以及南部的圣荷西等。

金门大桥

乘坐游轮进入旧金山湾时，首先映入眼帘的就是金门大桥。金门大桥跨越了旧金山湾和金门海峡，北端连接北加利福尼亚，南端连接旧金山半岛，是世界著名大桥之一，被誉为“20 世纪桥梁工程的一项奇迹”，也被认为是旧金山的象征。

金门大桥于 1933 年动工，1937 年 5 月竣工，用了 4 年时间和 10 万多吨钢材，耗资达 3550 万美元。整座大桥全长 2780 米，主桥全长 1967.3 米，造型宏伟壮观。桥身呈橘红色，横卧于碧海白浪之上，华灯初放，如巨龙凌空，使旧金山市的夜空景色更加壮丽。

[橘红色的金门大桥]

金门大桥的巨大桥塔高 227 米，每根钢索重 6412 吨，由 27 000 根钢丝绞成。1933 年 1 月始建，1937 年 5 月首次建成通车。

与世隔绝的恶魔岛

沿着金门大桥缓缓向西，就是旧金山湾海域众多岛屿中最有名的岛屿——恶魔岛，它是一座被海水包围并与世隔绝的小岛。

《勇闯夺命岛》这部监狱题材的惊险动作片的素材就来源于极富传奇色彩的恶魔岛监狱。电影热映后，这里被世人所熟知。

恶魔岛位于海湾出口处的金门海峡附近，原名鹈鹕岛，面积 0.0763 平方千米，四面都是峭壁，对外交通不易，美国政府曾在此设立恶魔岛联邦监狱，几乎关押过美国历史上所有恶名昭彰的重刑犯。1963 年监狱被废止，如今这里成了旧金山湾的著名观光景点。无数游客登上这座曾经的监狱小岛，在锈迹斑斑的牢房里搜寻那些罪恶与救赎的故事。

渔人码头

沿着恶魔岛朝西前行，就是旧金山著名的旅游景点——渔人码头，它与恶魔岛隔水相望，是“吃货”的天堂，在渔人码头可以享受附近沿海盛产的鲜美螃蟹、虾、鲍鱼、枪乌贼、海胆、鲑鱼、鲭鱼和鳕鱼等。

[恶魔岛]

恶魔岛四面都是峭壁、深水，与外面交通不易，据说在恶魔岛监狱存在的 29 年时间里，共记载了 36 人次的越狱逃亡事件，但大部分人都被捉回，另外有 5 人下落不明，官方怀疑他们都葬身于湍急冰冷的海水之中。

[阿尔 · 卡邦]

著名的黑帮系列电影《教父》就是以关押于恶魔岛的最臭名昭著的黑手党教父阿尔 · 卡邦为原型进行改编的。素有“疤面人”之称的黑手党教父阿尔 · 卡邦，是 20 世纪 20—30 年代最有影响力的黑手党领导人，绝对是恶魔岛监狱里的王者。

[渔人码头的"大螃蟹"雕塑]

渔人码头的交通非常方便，从旧金山很多地方都可以直接搭乘公共交通工具到达，码头广场上有一块巨大的"大螃蟹"广告牌，上面有"Fisherman's Wharf"几个大字。整个渔人码头大致包括从旧金山北部水域哥拉德利广场到35号码头一带，有许多商场、购物中心、饭店、小吃店、烧烤店、酒吧、咖啡店等，热闹非凡，码头上空飘扬着各种美味混杂的味道，令人流连其中。

除此之外，渔人码头周边还有博物馆、唐人街和伦巴底街等热门景点。

旧金山湾这个曾经充满黄金味道的地区美景众多，一直是好莱坞大片的宠儿，如《末日崩塌》《猩球崛起》《毒液》《蚁人2》《教父》等都曾在旧金山湾大量取景，壮观的金门大桥、神秘而隔世的恶魔岛、热闹喧嚣的渔人码头都因此被人们所熟知。

旧金山湾地区最早的原住民是印第安人（米沃克族和欧隆尼族）。1769年时人数超过1000名。

"恶魔岛"虽然有阴森的历史，但是它也是一个野生动物的庇护所，多种鸟类在此栖息，对游客来说，也不失为散心沉思的好去处。

在渔人码头品尝海鲜的最佳时节是每年11月到次年6月。

盐池的颜色是盐度和微生物种类的指示器。影响盐池颜色的微生物主要有3种，分别是聚球藻、盐杆菌和杜氏藻。

[旧金山湾的彩色盐池]

旧金山湾的彩色盐池是世界上最令人惊异的人造奇观之一。彩色盐池位于旧金山湾畔，是美国一家公司的盐池，由于在晒盐时盐田中的水分蒸发，形成不同浓度的盐池，盐池中的微生物数量改变后，使整个盐田每一块盐池的颜色都各不相同。只要乘坐飞机从旧金山湾上空经过，就可以俯瞰湾畔大片色彩绚丽的盐池，景色十分壮观，令人震撼。

美丽深邃的蓝色宝石

蒙特雷湾

这里不仅有碧海、蓝天、鲜花、礁石、悬崖峭壁、古老的松柏，还有随处可见的松鼠、海鸟和海豹，构成了一幅迷人的海湾画卷。

［蒙特雷湾美景］

蒙特雷湾位于美国西海岸的蒙特雷半岛，距离旧金山有 2 小时左右的车程，是一个世界闻名的旅游度假胜地。

新西班牙是西班牙在美洲的殖民地总督辖区的总称，是西班牙管理北美洲和菲律宾的一个殖民地总督辖区，1535 年后，西班牙在美洲的殖民地开始由新西班牙总督实行君权统治，副王由西班牙国王指派。首府设在墨西哥城。1821 年，墨西哥脱离西班牙独立，辖区解体。

蒙特雷市

蒙特雷市位于蒙特雷湾的南岸，是一座依海湾而建的老城。1542 年，葡萄牙探险家胡安·罗德里格斯·卡布里略在新西班牙总督安东尼奥·德·门多萨的资助下，率探险船队第一次踏上了美国西海岸的土地，他先后发现了美国加利福尼亚州（原属墨西哥）的大部分海岸，其中就包括蒙特雷湾及蒙特雷半岛等。1602 年，这里以墨西哥总督蒙特雷公爵之名而命名，并成为西班牙和墨西哥时代加利福尼亚州最早期的首府，也是加利福尼亚州历史最悠久的城市。

[胡安·罗德里格斯·卡布里略]

胡安·罗德里格斯·卡布里略，出生于葡萄牙，葡萄牙探险家、殖民官员，早年参加西班牙海军。1542 年，代表西班牙先后发现了加利福尼亚州（原属墨西哥）的大部分海岸、圣迭戈湾、圣巴巴拉海峡及其附近的圣托马斯、圣米格尔、圣克鲁斯和圣贝尔纳多岛（卡布里略岛）、蒙特雷湾；北至德雷克湾，但错过了旧金山湾的金门。

[蒙特雷市的沙丁鱼工厂街]

蒙特雷湾以前盛产沙丁鱼，捕捞上来的沙丁鱼就直接在蒙特雷市制成沙丁鱼罐头，使蒙特雷市一度成为美国沙丁鱼产业的重镇，并以制作沙丁鱼罐头而出名，市内到处是沙丁鱼罐头工厂。后来蒙特雷湾的沙丁鱼被捕捞殆尽，因此市内的沙丁鱼罐头工厂也开始没落，变成蒙特雷市一条非常有名的观光街，路两旁遍布各种海鲜餐厅、酒吧等。

蒙特雷市由于得天独厚的海滨风光、美国小镇特有的迷人风情和浓郁的文化气息，已成为加利福尼亚州著名的休闲旅游胜地，美国著名的 17 哩路风景线就始于蒙特雷市。

[17 哩路路标]

17 哩路是全美 9 条收费的私有道路之一，也是密西西比河以西唯一的一条收费道路。

最美丽的 17 哩路

蒙特雷湾是一个著名的海景胜地，也是著名的美国 1 号公路最美丽的地段，17 哩（英里的旧称）路即是美国 1 号公路在蒙特雷湾的一段公路。

17 哩路是一条不可错过的景观路线，因全长 17 哩（27 千米）而得名，沿途可欣赏蒙特雷湾众多的细白沙滩、悬崖峭壁、嶙峋石滩、幽深的树林等，其最佳欣赏方式是自驾，因为沿途只要是风景美丽的地方，路边总会多出一个平台，可供游客停车，慢慢欣赏、拍照，不

[17 哩路沿岸美景]

会因为错过美丽的风景而遗憾。

卡梅尔小镇

卡梅尔小镇建于20世纪初期，是一个精致的海滨文艺小镇，这里人文荟萃、艺术家聚集，充满波希米亚风味。小镇历史虽还不到百年，但是在美国西海岸却是众所皆知。

卡梅尔小镇是一个世外桃源般的地方，小镇上奇特的建筑物和美得如童话世界般的景色，吸引了许多艺术家、诗人和作家来此居住，如中国著名国画大师张大千1969年曾居住在此，并称其居所为“可以居”。

卡梅尔小镇原始的风情带给人一种朴实、祥和与温馨的感觉，沿小镇的主街向西走到尽头，就是17哩路海滨拥有独一无二大沙滩的卡梅尔海滩。

大苏尔风景区

从卡梅尔小镇沿着美国1号公路继续往南，经过大约145千米长的盘山海岸公路后便是有名的大苏尔风景区。这里紧挨着蒙特雷湾的海岸线，右边是浩瀚广阔的太平洋，左边是蜿蜒的山峦，沿途几乎不见人烟，只有海浪拍打岩石激起的白色浪花，海鸥一排排地略过海面，秃鹫在山峦处盘旋、嚎叫，这一幕幕尽显原始自然之美，令人叹为观止。

大苏尔风景区曾被美国《国家地理》杂志评为“人生必去的50个地方”之一，这里最值得推荐的风景有比克斯比河大桥、紫色沙滩等。

[孤独的柏树]

17哩路著名的景点——孤独的柏树，这棵柏树已经在礁石上屹立了250年。

> 卡梅尔如今仍禁止张贴广告、安装霓虹灯和盖快餐店，以便维持原貌。

> 卡梅尔的早期居民90%是专业艺术家，其中著名作家兼演员佩里·纽贝里和著名演员兼导演克林特·伊斯特登伍德都先后出任过卡梅尔的市长。

> 卡梅尔小镇并不大，被称为艺术小镇，整个小镇遍布特色各异的工艺品店、画馆、风格不同的餐厅、咖啡馆和小旅店等。

[卡梅尔海滩]

被陨石砸出来的海湾

切萨皮克湾

据推测，距今约 3550 万年前，北美洲因陨石撞击形成了一个巨大的圆形陨石坑，在河水与海水的冲刷之下，淤泥、沉积物渐渐将坑体覆盖，形成了一个巨大的海湾，即如今的切萨皮克湾。

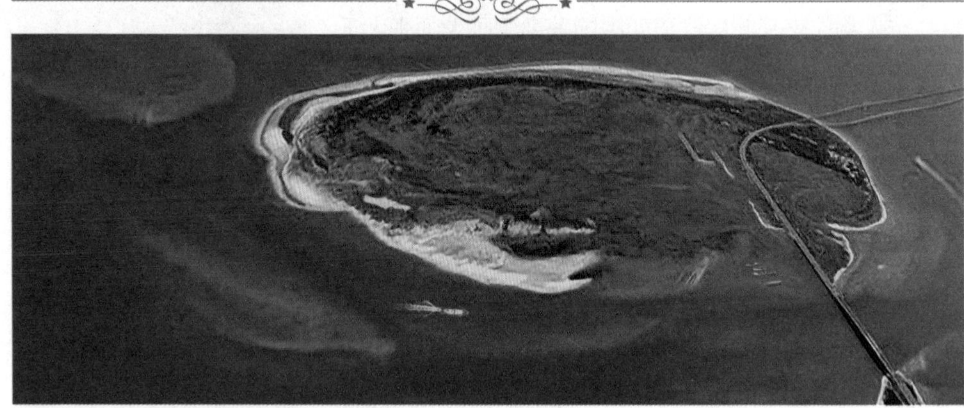

[切萨皮克湾美景]

切萨皮克湾陨石坑是美国本土已知规模最大的陨石坑，同时也是全世界少数几个形状完好、适合作为地质研究对象的水底陨石坑。

[切萨皮克湾寻猎犬]

切萨皮克湾寻猎犬是由 1807 年在切萨皮克湾海岸搁浅的船上的两只幼犬繁衍而成。

切萨皮克湾其名来自阿尔冈金印第安语，意为“大贝壳湾”，位于美国东海岸中部，毗邻美国首都华盛顿市。

美国面积最大的海湾

切萨皮克湾是大西洋由南向北伸入美洲大陆的海湾，被美国的马里兰州和弗吉尼亚州共同环抱，海湾全长 311 千米，宽 5.4 千米，湾区水域面积为 1.1 万平方千米，是美国面积最大的海湾。有萨斯奎哈纳河、波托马克河和詹姆斯河等 150 多条河流注入海湾，平均水深 8.5 米，最大水深 53 米。海湾南部有宽 19 千米的湾口，与大西洋相通，湾口北有查尔斯角，南有亨利角。

切萨皮克湾的东海岸曲折、地势较低，多岛屿和沼泽，西海岸多半岛和溺谷，内有多个重要港口城市，如巴尔的摩、诺福克、朴次茅斯和纽波特纽斯等，其中巴尔的摩和诺福克是美国著名的大港。此外，在湾口和湾内还有两座跨海大桥沟通两岸，是促进海湾地区文化交流的纽带，更是整个地区经济、社会发展的必不可少的一部分。

诺福克是焦油、木材、皮革和烟草输出港，在第二次世界大战期间建成海军基地，是美国的重要工商业中心。

切萨皮克湾内水产丰富，养殖牡蛎和螃蟹。据说美国一半的蓝蟹产量来自于此。

“不朽城”巴尔的摩

巴尔的摩位于切萨皮克湾顶端的西侧，是美国大西洋沿岸重要的海港城市，也是马里兰州最大的城市，离华盛顿市仅有 60 多千米。

巴尔的摩是美国五大湖区、中央盆地与大西洋联系的一个重要出海口。其城区环绕着河口湾展开，商业区位于西部，聚集了各种商场、旅馆、饭店，以及政府机关和文化设施。

美国独立战争期间，在英国军队威胁费城时，巴尔的摩曾一度是美国的战时首都，城内有丰富的历史遗迹，如华盛顿纪念碑、美国最早的天主教大教堂、埃德加·爱伦坡故居等，因此有“不朽城”之称。

巴尔的摩最吸引游客的地方是内港游览区，它本是以前的码头，经过修整翻新，改造为观光、娱乐和购物区，成为老市区复兴的一个典范。

[巴尔的摩美景]

[诺福克港]

诺福克："美国海军的灵魂"所在

诺福克是世界著名的深水港之一，也是美国弗吉尼亚州第二大城市、港口和重要工商业中心，面积为140.4平方千米，其位于伊丽莎白河畔，扼切萨皮克湾咽喉。美国独立战争期间曾遭到严重破坏，后重建。

诺福克还是世界上最大的海军基地，与朴次茅斯同为美国大西洋舰队司令部和北大西洋公约组织最高联合指挥部驻地。

[亨利角灯塔]

亨利角灯塔位于切萨皮克湾南面入口处。老亨利角灯塔为八角形石砌结构，建于1792年，是美国最早的灯塔。1870年，该灯塔出现多次裂缝，当地政府在其旁边又重建了一座冷气灯塔，也被称作亨利角灯塔。新灯塔于1881年12月15日建成，灯光高出海水平均高潮面50米，塔身外表涂黑白相间长方格漆，灯塔顶的灯笼内装置二等菲涅耳光学透镜，灯光射程15海里，为世界上最亮的灯塔之一。

切萨皮克湾大桥：世界上"最恐怖"的大桥

切萨皮克湾大桥是一座双向越洋大桥，也是一座让老司机都害怕的桥，它位于海湾最狭窄处的森带角和肯特岛之间。

[切萨皮克湾大桥]

切萨皮克湾大桥被誉为世界上"最恐怖"的大桥，由于桥上的公路没有修建路肩，很多司机不敢开车过桥，因此为了缓解交通压力，保证大桥的交通畅通，大桥两岸出现了专门提供代驾过桥服务的汽车救援公司，而且生意异常的火爆，如不预订，甚至当天会因找不到代驾师傅而延误行程。

切萨皮克湾大桥于1964年通车，全长6.9千米，使诺福克到纽约的车程缩短到了150千米。这座大桥的桥身高出海面56米，当车行至大桥上时，有非常强烈的视觉刺激效果，因此，很多司机在驾车通过时往往心惊胆战，无法以正常的速度通过，导致这座桥常年会拥堵。

切萨皮克湾大桥虽然是世界上“最恐怖”的大桥，但是桥梁的造型比较优美，是当地的地标风景，不仅如此，站在大桥上向远处眺望，还能够看到与众不同的切萨皮克湾风景。

[切萨皮克湾海战后向美法联军投降的英军]

美国独立战争期间曾爆发切萨皮克湾海战。海战结果导致被围困在约克城的英军海上补给线被切断，于10月19日向美、法联军投降。双方陆上战斗结束。此后，经过长时间谈判，英、法于1783年9月3日签订《巴黎和约》，英国正式承认美国独立。

北美第一个永久性的英国定居点

在欧洲人到达美洲之前，印第安人居住在切萨皮克湾，靠原始渔业为生。1606年12月，受英国伦敦弗吉尼亚公司的派遣，克里斯托弗·纽波特上尉携带英国国王詹姆斯一世的特许状，指挥三艘帆船、近200位船员从伦敦港起航，向西驶往新大陆寻找黄金，探寻通往富裕东方的新路线。

经过144天的艰难航行后，1607年5月，船队到达切萨皮克湾，进行了著名的“首次登陆”，并建立了詹姆斯敦（北美第一个永久性的英国定居点）。之后，这里一直担负着弗吉尼亚殖民地首府的角色。1699年，殖民地政府迁移到附近的威廉斯堡，詹姆斯敦走向没落。

[美国南北战争时期的铁甲舰]

在美国南北战争期间，美国北方海军的小型装甲炮舰“莫尼特”号与南方邦联海军的“弗吉尼亚”号装甲舰，于1862年3月在切萨皮克湾诺福克附近的汉普敦爆发了一场海战。这场以平局收尾的战斗在整个世界海军史上占有重要地位，因为它是历史上首次铁甲舰对决。

同时观赏多种鲸的地方

圣劳伦斯湾

鲸是一种迷人的生物，它们生前唱着无人能懂的鲸歌，死后用鲸落给大海留下最后的温柔。圣劳伦斯湾恰好是世界上为数不多、能够同时观赏多种珍稀鲸的地方。

[圣劳伦斯湾中的佩尔塞岩]

[圣劳伦斯湾中的灯塔]

圣劳伦斯湾位于加拿大东部著名的观鲸地魁北克，是一个几乎被北美大陆以及周边岛屿和半岛包围的宽广水域，仅东圣劳伦斯湾端由贝尔岛海峡和卡博特海峡与大西洋相通。

多岛屿、暗礁、浅滩

圣劳伦斯湾由地质构造运动发生沉降而形成，面积为 23.8 万平方千米，平均水深 127 米，最大水深 572 米。该海湾内海岸线曲折，多岛屿、暗礁、浅滩，还常伴有浓雾和浮冰，是一个容易发生沉船事故的危险海域。

以基督教圣徒命名

1534 年 2 月，法国人卡提耶尔受法国海军司令的委托和资助，率两艘60吨的船和61人组成的探险队从法国圣马洛港出发，去探寻前往东方的西北航道。

卡提耶尔率探险队先向西北，到达纽芬兰的最北端海角，然后再折向西南，8月10日，船队驶进贝尔岛海峡，进入了一个巨大的被陆地包围的海湾。因为8月10日是基督教圣徒圣劳伦斯的祭日，所以这个海湾被卡提耶尔命名为圣劳伦斯湾。此后，卡提耶尔中止了继续探索西北航道。他返回法国后宣称，已发现通往太平洋和中国的海峡，并称其为圣彼得罗海峡。

[圣劳伦斯]

8月10日是圣劳伦斯（225—258年）的殉道纪念日，他是最早一批基督教殉道者之一。

关于他有两则小故事：罗马帝国处死圣劳伦斯之前，要求他交出教会所有的财产，圣劳伦斯恳求用三天的时间来收集所有的财产，他却利用这三天的时间，将钱财都分给了穷人和有需要的人。

另一个故事：圣劳伦斯的手脚被固定在一个架子上被大火焚烧，在经过一段火烧之后，圣劳伦斯还说："我这面已经烤好了，现在把我转过去，烤另一面！"

海洋生物异常丰富

圣劳伦斯湾是圣劳伦斯河的河水与大西洋的海水交汇之处，比重较大的海水居于下层灌入圣劳伦斯湾，海流成逆时针方向环流，沿东北部进入河口，比重小的河水则位于上层，向东南面的大西洋流去。

特殊的地质、水文环境使圣劳伦斯湾水域的海洋生物异常丰富，沿岸渔业繁盛。此外，海湾内的岛屿和沙

[圣劳伦斯湾美景]

卡提耶尔（1491—1557年），是法国水手、海盗，参加过法国私掠船在巴西的活动，还可能参加过维拉札诺1524年的北美航行与探险。

阿帕拉契山脉北端和加拿大地盾南部经过沉降作用之后，形成圣劳伦斯湾曲折复杂的海湾地形。

在圣劳伦斯湾众多观鲸点中，最具代表性的是泰道沙克，这里的海底有个数百米高的断崖，周边海洋生物丰富，吸引了众多须鲸目的鲸到此觅食生活。

洲还是各种飞禽和走兽的栖息之地，其中塘鹅有11万只、白尾鹿有16万头，还有大批的驼鹿和黑熊等。

同时观赏多种珍稀鲸的地方

“魁北克”这个名字源于印第安语，原义是峡湾。原住民用此词来指现魁北克市圣劳伦斯河口处，圣劳伦斯河从西流至此地后豁然开朗。魁北克位于加拿大东部，北濒哈得孙湾。

魁北克经常被描述为欧洲和美洲的十字路口，在这里，人们可以同时体验到美国、法国和英国文化的魅力。

圣劳伦斯湾有丰富的浮游生物、鱼类及其他甲壳类动物，因此吸引了众多鲸到此觅食，使圣劳伦斯湾成为“全球5个最佳观鲸地点”之一。

圣劳伦斯湾及圣劳伦斯河沿岸很多地方的水很深，鲸常会在离岸很近，甚至只有几十米的地方活动，因此这些地方成为绝佳的观鲸点，仅凭肉眼观察就能一览无余。

在圣劳伦斯湾可以观赏到13种鲸，包括蓝鲸、座头鲸、长须鲸、北极鲸和白鲸等。

每年的6—10月是到圣劳伦斯湾观鲸的黄金季节。如今，越来越多的游客被鲸吸引到圣劳伦斯湾，欣赏成群结队的鲸凌空飞跃、白浪翻滚的壮观景象，聆听它们韵味独特的歌声。

[蓝鲸]

[个性活泼的座头鲸]

[罕见的北极鲸]

[白鲸]

因毛皮而成就的海湾

哈得孙湾

17 世纪初，海狸毛皮成为欧洲上层社会的流行时尚，欧洲本地的海狸因此被大量猎捕，几近绝种。因为供不应求，海狸的身价越发昂贵，激起了冒险家大发横财的热情，有史书十分形象地说海狸“打开了加拿大的地图”，也揭开了哈得孙湾的冰冷面貌！

［哈得孙湾美景］

哈得孙湾位于加拿大东北部，是一个从北冰洋的边缘海伸入北美洲大陆的海湾，其东北经哈得孙海峡与大西洋相通，北与福克斯湾相连，并通过北端水道与北冰洋沟通，是一个多雾、多冰、近乎封闭的亚北极内陆海区。

［哈得孙湾公司徽标］

“繁荣”的毛皮生意

1610 年，英国航海家亨利·哈得孙在率船队探索西北航道时，发现了一个近乎封闭、大得超出人们想象的海湾，后来这个海湾就被命名为哈得孙湾，而巴芬岛与拉布拉多半岛之间的那条海峡则被命名为哈得孙海峡。

当时的欧洲上层社会对毛皮的需求量巨大，尤其是贵族们喜爱的海狸毛皮的价格居高不下，导致本地各种毛皮动物都快被猎杀绝迹了。哈得孙湾被发现以后，附

[河狸——2007年加拿大纪念币]

加拿大的国宝是河狸，因为它在加拿大的历史上非常重要。欧洲人在北美定居之初，河狸的毛皮在欧洲价格高昂，为了获得河狸的毛皮，欧洲的移民们不断走向更远的地方。

[英国航海家亨利·哈得孙]

哈得孙在发现哈得孙海峡、哈得孙湾后，想继续探索哈得孙湾的其他部分。但是他遭到船员们的叛变，船员们用小艇将他和少数拥护他的船员放逐，此后哈得孙等人便再未出现过。

近活跃的海狸、野牛、白尾鹿、狐狸、狼和熊等动物催生了哈得孙湾“繁荣”的毛皮生意。1670年，经英国国王查理二世皇家特许，英国在哈得孙湾地区建立了哈得孙湾公司，垄断了这里的所有贸易，尤其是毛皮贸易。1867年，加拿大联邦自治领成立后，哈得孙湾成为加拿大的领地，哈得孙湾公司的毛皮贸易垄断地位被取消，转型为百货公司。

封闭性的海区

哈得孙湾堪称世界上最封闭的海湾之一，其三面陆地和北边的岛屿都属于加拿大，为了保护哈得孙湾的生态环境，加拿大将哈得孙湾定义为封闭性的海区，没有得到允许，非加拿大的船只不能随意进出哈得孙湾。

生物丰富

哈得孙湾是世界上第二大的开阔形海湾，仅次于孟加拉湾，其南北长约1375千米，东西宽约960千米，面积达81.9万平方千米。其平均深度约100米，最大深度274米，因地处高纬度，深居内陆，所以气候严寒，年平

[毛皮贸易点]

［哈得孙湾公司的货运船舶］

均气温 −12.6℃。水温低，除 8、9 月表水温度可达 3 ~ 9℃外，大部分时间海面封冻。海湾中生长的鱼类有鲽鱼、鳕鱼、鲑鱼等；还有海象、海豹、海豚、逆戟鲸及北极熊；大约有 200 种鸟类栖息在哈得孙湾海岸和附近的小岛上；此外，还有一些食草动物，如驯鹿、麝牛以及啮齿动物等。

《坤舆万国全图》中曾描述哥泥白斯湖（即哈得孙湾）的水是淡水，有 20 多条大小河流入该湾。密度大、含盐分的海水沉在下面，湾表面的水是河流注入湾内加上冰雪融化后的淡水。湾水很浅，平均 100 米，最深处只有 200 多米，在岸边的水都是淡水。

人烟稀少

哈得孙湾东边的海岸构成了加拿大的魁北克西缘，海岸由山地和岩石构成，由东往北延伸，覆盖其上的植被是典型的泰加林带和苔原。西边的海岸是一片面积达 32.4 万平方千米的低地，被称为“哈得孙湾低地”。大量河流经过这里流入哈得孙湾，使这片低地上形成了一种称为“厚苔泽”的典型植被。

哈得孙湾沿岸零星居住着一些印第安人（南部地区）与因纽特人（北部），他们主要以渔猎为生，大部分居住点都是哈得孙湾公司曾经的贸易点，主要港城有丘吉尔港，当年英国人经由此地将大宗的毛皮物资送往欧陆各地，如今是哈得孙湾沿岸的主要人类聚集地，也是世界主要的小麦运输点。

《坤舆万国全图》是意大利耶稣会的传教士利玛窦在中国传教时，与李之藻合作刊刻的世界地图，该图于明万历三十年（1602 年）在北京付印后，刻本在国内已经失传。南京博物院所藏《坤舆万国全图》为明万历三十六年（1608 年）宫廷中的彩色摹绘本，是国内现存最早的、也是唯一的一幅据刻本摹绘的世界地图。

梦幻奇特的度假胜地

班德拉斯湾

这是一个既神秘又刺激的度假胜地，以阳光、沙滩、石拱、洞穴文明而闻名，经典影片《巫山风雨夜》就曾在此取景，记录下了一段美妙愉悦的假日时光。

[班德拉斯湾的石拱]

班德拉斯湾是美洲第二大海湾，位于墨西哥西岸的马里塔群岛，以阳光、沙滩、石拱、洞穴文明而闻名，是墨西哥的一个旅游胜地。

巴亚尔塔港

巴亚尔塔港是一座沿班德拉斯湾而建的港城，因电影明星伊丽莎白·泰勒的恋情而有了一个美丽的传说，更将她的爱情安静地融进了班德拉斯湾的海水之中。

巴亚尔塔港的面积不大，人口只有17万人，却有

[班德拉斯湾美景]

[海滨大道上的特色雕塑]

很多的风景，沿着海湾的海滨大道（长廊）有琳琅满目的各色小店和风格各异的雕塑，是拍照的圣地。

这里有众多鹅卵石铺成的崎岖小道贯穿小城，小道两旁参差排列着风格各异的白房子，很多房子斑驳的外墙上画着令人惊艳的壁画，还有各种鲜艳的花朵探出很有特色的铁艺栅栏。在老城的历史区还可以购物和观看街头表演。

[深情对视的雕塑]

这是伊丽莎白·泰勒那座著名的爱巢墙壁上伯顿与泰勒深情对视的雕塑。

伊丽莎白·泰勒的爱情

在拍摄《埃及艳后》的过程中，两个已有家室的人——男主角伯顿与女主角伊丽莎白·泰勒，将影片中的浪漫延伸到了生活中。1964年，在泰勒32岁生日前，一个偶然的机会，伯顿在拍电影的过程中发现了巴亚尔塔港有一座依山而建的别墅，便买了下来作为礼物送给了泰勒。不久之后，伯顿又将对面的房子也买了下来，并在两栋别墅之间修建了一座粉色的天桥，这座桥被当地人称为“爱的拱桥”。之后，两人的婚姻多坎坷，分分合合，1984年伯顿去世后，泰勒常独居于巴亚尔塔港的房子里，直到1990年才将之卖出。

如今，伊丽莎白·泰勒那座著名的爱巢被修建成了旅馆，成了巴亚尔塔港的一个美丽传说。

伊丽莎白·泰勒是位传奇影星，她绝美动人，据说有着紫色眼眸，曾出演过《战国佳人》《朱门巧妇》《埃及艳后》等电影中的经典形象，她的一生共有过8次婚姻，有人说她活得自我，也有人说上天给了她美貌、声望、财富，却独独缺了能相守的爱情。

伯顿与伊丽莎白·泰勒的爱情是20世纪好莱坞最著名的丑闻与爱情。

马里塔群岛

班德拉斯湾的辽阔海域入口处散布着几座小岛，合

[瓜达卢佩圣母教堂]

这是一座精美的教堂，也是巴亚尔塔港的地标建筑，其塔尖是一顶巨大的皇冠，令人叹为观止。

[“爱的拱桥”]

称为马里塔群岛，鸟瞰整个被海水包裹的群岛，能在坚硬的岩石、绿色的植被中，隐隐约约地发现有许多大大小小的朝天洞穴。

马里塔群岛是火山作用形成的，距今有 6 万年的历史，山体内由于火山熔浆的流淌，早已空洞成熔岩隧道。在第一次世界大战期间，班德拉斯湾中这些无人居住的小岛成为墨西哥军队的火炮试验靶场，因此无数的炮弹将整个群岛炸得千疮百孔，更将原本的熔岩隧道炸开了天窗，在众多被炮弹砸开的洞穴中，最有名的要数“秘密海滩”。

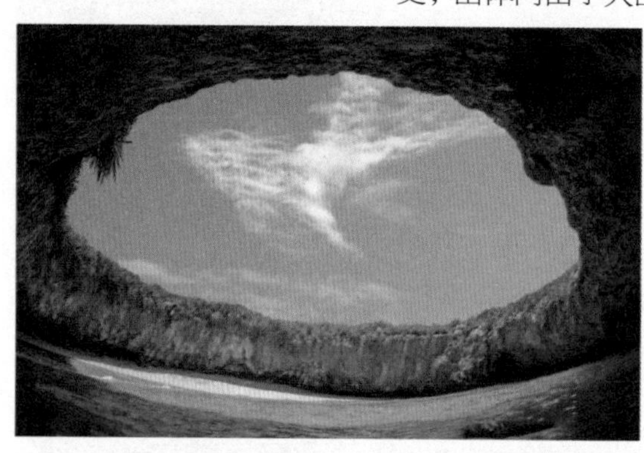

[“秘密海滩”]

“秘密海滩”四周被岩层包裹，船只不能直接进入，需要游泳穿过长达 200 米的黑暗洞穴，才能到达“秘密海滩”洞穴内的沙滩，这让旅途充满探险的感觉。

“秘密海滩”是其中最典型、最美的一个洞穴，其南北长约 800 米、东西宽约 600 米，洞穴中还有一个近乎圆形的大坑，坑里的水面波光粼粼，仿佛一座火山口湖，更让人惊奇的是，在这个洞穴中还隐藏着一个美丽的沙滩，这是地球上绝无仅有的，完全颠覆了人们对沙滩的印象，该洞穴也因此得名。

班德拉斯湾不仅是一个梦幻奇特的度假胜地，还是潜水爱好者心目中的圣地，可以浮潜和深潜，目前很多地方已被列为海洋生态保护区，运气好时除了可以看见海龟外，还能看见海豚和座头鲸经过。

野生动物庇护所

瓦尔德斯海湾

这里有种类繁多的珍禽异兽，如戴着“白项圈”的麦哲伦企鹅、可爱的熊猫海豚，以及其他众多的野生动物，是一个猎奇、观光的绝妙去处。

瓦尔德斯半岛位于阿根廷南部的大西洋海岸，犹如一把锤子延伸到大西洋中，其面积为3625平方千米，由一系列的海湾、悬崖、滩涂、海岸以及岛屿组成，半岛上海拔最低处低于海平面35米，最高处海拔仅100米。

[通往海边的木栈道]

瓦尔德斯半岛的海岸线长达400千米，其东端突出的半岛与南部的陆地几乎交接，形成了一个圆形的平静海湾，这就是瓦尔德斯海湾，整个海湾的海岸线长35千米，由分散的小岛和海岸线上众多的小海湾组成，为海洋动物和海鸟提供了一个天然庇护所。

[瓦尔德斯海湾美景]

[抹香鲸]

每年5月末，南半球的冬季到来，生活在南极大陆周边海域的鲸类开始成群结队地向北迁徙避寒，其中的明星就是抹香鲸。它们少则几十头，多则几百头为一群，浩浩荡荡地长途迁徙到瓦尔德斯海湾，将其作为越冬之地。

海洋动物的天然庇护所

巴西暖流和马尔维纳斯寒流在瓦尔德斯海湾交汇，为大量的浮游生物、海藻和贝类提供了良好的生存环境，也因此给在海湾内生存的海狮、海象、海豹、熊猫海豚、座头鲸、抹香鲸和麦哲伦企鹅等提供了充足的食物来源。

[麦哲伦企鹅]

据说瓦尔德斯有3000多只海豹，企鹅数量更是众多，大约有400万只，居于南美大陆之冠。瓦尔德斯是麦哲伦企鹅的栖息地。麦哲伦企鹅体型比南极企鹅小，是温带企鹅中最大的一种，其身材中等，约70厘米高，体重约4千克，但因脖子上多了一个白环，因而整体看上去比南极企鹅更漂亮。麦哲伦企鹅的名字来自著名的航海家麦哲伦，麦哲伦在1519年第一次环南美洲大陆航行时发现了这种企鹅。

野生动物的栖息地

瓦尔德斯半岛中部高高隆起，四周则是平坦的莽原，干燥、荒凉、多风，是典型的冻土草原气候。半岛上少有高大树木，地面野草、荆棘丛生，植被有130多种，成为野生动物的栖息地。这里的野生动物包括南美野生羊驼、小美洲鸵、长毛犰狳、巴塔哥尼亚狐狸和巴塔哥尼亚野兔。此外，还有大量的鸟类，如鸣鸟、火烈鸟、逐鸟、海鸥、兀鹰和鹧鸪等，它们在瓦尔德斯半岛的莽莽草丛中觅食或栖息。

[瓦尔德斯半岛海岸的“金字塔”]

瓦尔德斯半岛周围的海岸矗立着一座座锥形的石丘，看上去恍如埃及的金字塔，“金字塔”的对面便是波涛汹涌、一望无垠的大西洋。

古老记忆被完整保存

帕拉蒂湾

16 世纪初，意大利航海家亚美利哥·韦斯普奇航行到帕拉蒂湾时，在航海日志中写道："哦，上帝啊，如果这世上有天堂的话，它一定就在离这儿不远的地方！"

在巴西里约热内卢和圣保罗州交界处有一个精致的小海湾——帕拉蒂湾，这里的海很蓝，水很清，海湾码头上停泊着许多五颜六色的船只，不时有几只大鸟在海面上扑打着翅膀，构成一幅明艳的风景画。

[帕拉蒂小镇的鹅卵石街道]

殖民时期，葡萄牙人驾着轻型帆船，满载压舱的石头来到帕拉蒂，然后卸下压舱的石头，再将金条、金块等一箱箱地运回里斯本，而那些压舱的石头则变成了帕拉蒂著名的、凹凸不平的鹅卵石街道。

"黄金之路"的起点之一

帕拉蒂是葡萄牙殖民巴西时期最重要的港口之一，也是向欧洲运送矿产的"黄金之路"的起点之一。1696 年，葡萄牙殖民者在帕拉蒂不远处发现了金矿，为了开采金矿，大量的非洲奴隶被带到了帕拉蒂，帕拉蒂变得繁华起来，殖民者在

[帕拉蒂湾通往码头的栈桥]

[帕拉蒂小镇的教堂之一]

[涨潮后的街道]

小镇上建造了房屋、堡垒以及教堂等，这个时期是帕拉蒂的鼎盛岁月。直到 18 世纪，金矿被挖完后，帕拉蒂回归宁静，城中遗留下葡萄牙殖民时期的鹅卵石街道、教堂、木头建筑、色彩鲜艳的住宅、各式各样的艺术画廊、手工艺品小店、餐厅和咖啡馆，成为一个拥有殖民时期古老风格的滨海城镇。

清澈透亮的小镇

帕拉蒂湾被古老的帕拉蒂小镇占据，由小镇延伸出的长长海堤将整个海湾环抱。在海堤上有个缺口，每当涨潮的时候，海水会从海堤缺口涌入海湾，再沿着小镇中交错的河流逆流而上，涌入镇中，然后慢慢地漫过整个小镇的街道。而当海水退潮时，小镇的垃圾会被海水全部带走，因此，帕拉蒂小镇鹅卵石铺就的石板路异常

[帕拉蒂小镇]

干净，光鉴照人，使整个小镇清澈透亮。

[卡莎萨]

卡莎萨是巴西的国酒（为巴西有名的甘蔗酒调配而成），而帕拉蒂的卡莎萨更有名，因为卡莎萨以前就叫作“Parati”，与这个小镇的名字“帕拉蒂”非常相近。

巴西的“水都威尼斯”

帕拉蒂小镇的大部分地区禁止汽车通行，小镇内几乎所有房屋均沿河而建，而且几乎都是二层小楼。小楼的结构都非常特别，每当涨潮时，海水涌入小镇，商人们就会随着潮水，开着各式各样的小船，从帕拉蒂湾沿着河道进入镇中，穿梭在街道中，将船停靠在小镇的居民小楼前兜售商品。退潮后，又顺着潮水回到港湾，补充货品等待下一次涨潮。因此，帕拉蒂小镇又被誉为巴西的“水都威尼斯”。

避世宁静的私人岛屿

此外，帕拉蒂湾内及周边散落着大大小小 60 多座精致的小岛，这些小岛大部分靠近帕拉蒂小镇，拥有独一无二的气质，被世界各地富豪青睐，慕名来此观光和度假，更有人一掷千金，成为岛屿的主人，既可在自己的小岛上享受世外桃源般的宁静，也可驾船偶尔进入帕拉蒂小镇感受一下繁华热闹。

帕拉蒂湾拥有浓浓的历史记忆、宁静脱俗的海洋美景，成了繁荣的文化旅游胜地。原本的渔村也转变成海滩与水上休憩的热门景点，是电影《暮光之城》中贝拉和爱德华来巴西度蜜月的外景地。

[泥浆狂欢节时街道的布置]

优美的海湾

瓜纳巴拉湾

1898 年巴西第一部影片《瓜纳巴拉海湾风光》诞生，此地因此闻名遐迩，吸引了大量的游客来此游玩。

[拉热堡岛]

瓜纳巴拉湾口的拉热堡岛曾是胡格诺派教徒1555年的临时居住地，还做过监狱和仓库。

瓜纳巴拉湾曾名为里约热内卢湾，位于巴西东南部，几乎是一个封闭形的海湾，当天气好时，船行其间，无论在什么方向都能看到岸边，是世界著名的三大天然良港之一。

巴西海军是全中南美洲规模最大的海军，其最主要的海军基地就位于瓜纳巴拉湾中的马坎科岛和科布拉斯岛上。

一月的河

1502 年 1 月，葡萄牙探险家佩德罗 · 阿尔拉瓦雷斯 · 卡布拉尔的远征船队越过大西洋，沿巴西东南海岸行驶时，发现了这个长约 31 千米、最宽约 29 千米、入口处宽仅约 1.61 千米的海湾，由于海湾入口的水面不宽，他因此误以为这是一条大河的入海口，当时正值 1 月，因

[瓜纳巴拉湾美景]

此将此命名为里约热内卢湾，在葡萄牙语中的意思是“一月的河”，后改名为瓜纳巴拉湾。

[尼特罗伊大桥]

尼特罗伊大桥全长 13.7 千米，是南美洲最长的跨海大桥，还曾是世界上最长的跨海大桥之一。始建于 1968 年，1974 年通车。

一派繁华富足的景象

瓜纳巴拉湾入口左右两侧各有一座城市，左侧西南岸的是里约热内卢市，右侧东南岸的是尼特罗伊市，两市之间有一座长达 13.7 千米的尼特罗伊大桥相连。

尼特罗伊大桥像一道长虹，横空出世，是观赏海湾风光的绝佳去处，行走在大桥上，可以看到有名的基督山和甜面包山。此外，还能欣赏到瓜纳巴拉湾内的景色：波光粼粼的海面上散落着几座小岛，海岸边高楼大厦鳞次栉比，码头上停泊着许多漂亮的私家游艇，一派繁华富足的景象。

[张开怀抱的基督像]

2007 年基督山上的基督像被全世界网民评为“世界新七大奇迹”。

基督山

基督山本名科尔科瓦多，在葡萄牙语中意为“驼峰”，它位于里约热内卢西面景色秀丽的海岸边，是一座海拔 709 米的山丘。

基督山上屹立着一尊高大的基督像，基督像线条明朗，呈浅绿色，从里约热内卢以及瓜

[甜面包山]

纳巴拉湾的每个角落远远望去，都可以清晰地看到耶稣受难的身影，堪称世界上最有名的巨型雕塑珍品之一。它的总高度为 38 米，宽度达 29 米，双手向两旁平伸开，被钉在受难十字架上，从远方望去，犹如挂在天上的一个巨型十字架，整座雕像用钢筋混凝土堆砌雕塑而成，总重量为 1200 吨，基督像下有一座小教堂，供虔诚的教徒来此祈祷。

基督像给人一种神秘、宏伟的感觉，是里约热内卢的象征之一。

[圣若奥堡]

圣若奥堡是甜面包山脚下的一个军事基地，也是 1565 年里约热内卢第一个葡萄牙居民点所在地。

甜面包山

甜面包山位于瓜纳巴拉湾入口处，海拔 394 米，是里约热内卢和瓜纳巴拉湾的象征之一。甜面包山由两个山头组成，一个像立起的面包，另一个像平放的面包，山的表面光滑，好像抹上了糖浆，故名为“甜面包山”。

在甜面包山的山脚处有一条已经运行了 100 多年的缆车线，可乘坐缆车中转后登上山顶，将里约热内卢以及瓜纳巴拉湾的全景尽收眼底。

湛蓝海水滋养下的西半球古城

卡塔赫纳湾

这里有蓝色的大海、白色的教堂钟楼，五颜六色的住宅与海峡对面的高楼大厦交相辉映，形成了一幅古典与现代和谐共处的美丽画卷，被誉为拉丁美洲最美的地方。

卡塔赫纳湾位于哥伦比亚西北部、南美大陆西部加勒比海南端，是一个由得拉波帕和巴鲁两座岛屿环抱而成的平静、宽阔的海湾。它是一个天然良港，也是一条通向南美洲内陆的重要通道。

1815 年，西班牙国王斐迪南七世为惩罚卡塔赫纳在拿破仑占领西班牙期间宣布独立的行为，派遣军队对该城进行了一次可怕的围剿，城中的大部分居民都被饿死。

卡塔赫纳老城也叫内城，是卡塔赫纳在殖民时期统治者贩卖奴隶的地方，也是当时最繁华的地方。

卡塔赫纳城历史

卡塔赫纳湾三面环水，漫长的海岸线、湛蓝的海水和金色的沙滩形成了秀丽迷人的滨海风光。1533 年，西班牙殖民者佩德罗·埃雷迪亚在此建城，这便是历史名城卡塔赫纳的老城。

16 世纪中期，西班牙殖民者动用了 30 万非洲黑人奴隶，在卡塔赫纳湾入口处建造了圣费尔南德要塞和圣何塞要塞，将整个海湾

[卡塔赫纳城的要塞]

卡塔赫纳城的要塞在西班牙殖民者的经营之下坚不可摧，1741 年英国提督爱德华·巴家曾率领英国船队围攻卡塔赫纳，久攻不下只能无功而返，可见卡塔赫纳城的要塞防御工事的强大。

[圣弗朗西斯科教堂]

在卡塔赫纳独立广场的左侧是人群拥挤的市场，市场对面耸立着古老的圣弗朗西斯科教堂。该教堂壮观雄伟，始建于 1590 年。

[卡塔赫纳老城涂鸦]

卡塔赫纳老城内的一处涂鸦城墙区，让人有种置身于油画世界的感觉。

打造成西班牙殖民者掠夺南美洲金银财宝的转运港和奴隶市场。每年都有大量的黄金、白银、可可、烟草、珍贵木材和香料等从这里运往西班牙。17 世纪初，卡塔赫纳城曾是拉美的第三大城市，后来逐渐衰落。1926 年以后，随着马格达莱纳河流域油田的开发，卡塔赫纳城再度繁荣。

新城和老城

卡塔赫纳湾自古有两条水道可进入：一条是北部的

[卡塔赫纳新城]

新城中高楼林立，被誉为哥伦比亚的“迈阿密”。

[面朝卡塔赫纳湾的炮台]

“大嘴”，另一条是南部的“小嘴”，这两条水道贯穿了卡塔赫纳湾，使整个海湾繁忙而兴盛。后来，随着各地贸易船只的进出，吸引了大量的加勒比海盗来此劫掠，为了对抗这些讨厌的海盗，在 18 世纪时封闭了海湾北部的“大嘴”。随着时间的推移，卡塔赫纳湾慢慢地变成了一个伸向大海的半岛，将卡塔赫纳分为新城和老城两个部分。

卡塔赫纳的新城现代感十足，高楼、旅馆、饭店散落在花团锦簇的城市建筑之中。新城一幢幢乳白色、浅蓝色的现代化高层建筑，与相距不远的老城中的古老城堡、教堂的塔尖交相辉映，仿佛是两个世界，却又巧妙地融合在一起。

[卡塔赫纳城内的老街]

卡塔赫纳城内的小巷仍然保持着古老的南欧风格。

北大西洋座头鲸的乐园

萨马纳湾

这里有玻璃般晶莹剔透的海水、洁白柔软的沙滩、无尽延伸的湛蓝天空、慵懒惬意的阳光，即使在冬季，依然可以尽享如春暖意，是一个被大西洋与加勒比海环绕的热带旅游胜地。

萨马纳湾位于多米尼加共和国东北角，由萨马纳半岛环抱而成，其东西长约 65 千米，南北宽 25 千米。

萨马纳小镇

萨马纳小镇位于萨马纳湾北岸，始建于 1756 年，是一个文化交融的地方，教堂、海港、商贸城、博物馆一应俱全。从这里坐船，可以去往萨马纳湾的里肯海滩、利凡塔多岛、国家森林公园和萨马纳山柠檬瀑布等景点。

[泰诺人博物馆内的泰诺人雕塑]

在萨马纳小镇上有一个泰诺人博物馆，介绍了泰诺印第安人的故事，以及他们与西班牙征服者首次会面的情形。

泰诺人隶属阿拉瓦克人，是加勒比地区的主要原住民之一。在 15 世纪后期欧洲人到达之前，是古巴、牙买加、伊斯帕尼奥拉岛（现在的海地和多米尼加共和国）、大安的列斯群岛中的波多黎各、小安的列斯群岛北部和巴哈马等地最主要的居民，他们在那里被称为卢卡亚人，所说的泰诺语属于阿拉瓦克语系之一。

[萨马纳小镇上的教堂]

这座木制教堂建于 19 世纪，是由获得自由后移民萨马纳的美国黑人奴隶建造的。

原始的海滩

萨马纳小镇外有一条海洋大道可直达萨马纳湾的里肯海滩。里肯海滩长 4.8 千米，以白色的沙滩、平静的海水和温柔的波浪而闻名，曾被《康泰纳仕旅人》杂志评为“世界十佳海滩”之一。里肯海滩的远处波涛汹涌，是一个完美的冲浪胜地，这里还比较原始，未曾开发。

除了里肯海滩外，萨马纳湾还有众多原始而美丽的海滩，如利凡塔多岛海滩和适合潜水、攀岩的弗朗顿海滩等。

[弗朗顿海滩]

这里的沙滩洁白干净，沙滩边有一座 90 米高、陡峭而垂直的山墙立于碧水之上，这里既可攀岩，也可潜水。

利凡塔多岛

利凡塔多岛是一座安静而避世的小岛，可从里肯海滩划小船抵达。这里的海滩上有一个木板小码头，已腐朽不堪，剩下几根木桩立于水上，成为军舰鸟、白鹭、褐鹈鹕和黄喙燕鸥歇息的地方，可见这座岛已经长时间没有人造访过了。萨马纳湾将 80% 的美景都给了利凡塔多岛，这里遍布着苍绿的植被，清澈莹绿的海水中能看得清鱼儿，岩石边则懒散地躺着海狮等，俨然成了海狮和水鸟的天堂。

[利凡塔多岛]

世界最佳观鲸地之一

萨马纳湾被誉为座头鲸的乐园，1980 年，在这里发现了洄游的北大西洋座头鲸，而且每年的北半球冬季（1 月下旬至 3 月中旬），约有 3000 头座头鲸从北大西洋迁移至此交配、生产和喂养小鲸，这里成为座头鲸最大的聚集地之一，同时被誉为“世界最佳观鲸地”之一，每年都会有 3 万多名来自世界各地的游客到此观鲸。萨马纳小镇上还有鲸博物馆，可以去参观并听到关于鲸的各种介绍。

冷酷仙境

巴芬湾

这里有鬼斧神工的地貌、浮冰重重的海湾、神奇的天文现象、奇特的生物群落，不仅是人类文明的禁区，也是大自然保留的最原始的荒原。

[威廉·巴芬]

威廉·巴芬（1584—1622年）是活跃于17世纪初的英国航海家。他在伦敦出生，生前曾寻找“西北航道”，是世界上第一个围绕巴芬岛航行一周的航海家。据说航海时通过观测月球确定经纬度的方法由威廉·巴芬首创。

巴芬湾位于北美洲东北部巴芬岛、埃尔斯米尔岛与格陵兰岛之间，因1616年英国航海家威廉·巴芬进入海湾考察而得名。该海湾长1126千米，宽112～644千米，面积68.9万平方千米，平均水深861米，最大水深2744米，四周为格陵兰和加拿大大陆架，中央是巴芬凹地。

众多岛屿之间的水域

从哈得孙湾往北，进入福克斯湾，并跨过巴芬岛，就来到了巴芬湾。巴芬湾东南方向通过戴维斯海峡和大西洋相连，北经史密斯海峡、罗伯逊海峡连接北冰洋，西经琼斯海峡和兰开斯特海峡进入加拿大北极群岛水域，是一片位于众多岛屿之间的水域。

风景最秀丽的巴芬岛

巴芬岛是世界第五大岛，也是北极圈岛屿中面积最大、最多人居住的岛屿，是加拿大北极群岛的组成部分。冰川覆盖的山脊几乎纵贯全岛，岛上的山脉均高于 2440 米。其海岸线曲折，多峡湾，有北极熊出没，居民主要是以渔猎为生的因纽特人，整座岛除了沿岸有少数小村落外，腹地无人居住。由于人烟稀少，没有公路、铁路及城镇，远离人为光源，因此是观看极光的绝佳地点。

欧洲人的捕鲸之地

巴芬湾的出口处有暗礁，海底沉积了淤泥和沙砾等陆源物质，海水中营养盐类丰富，盛产北极比目鱼、北极鳕鱼、鲭鱼以及海豹、海象、海豚、黑鲸等。在英国人发现了这里后，巴芬湾就成了欧洲人的捕鲸之地。到了 19 世纪，这里更成了捕鲸和捕海豹的中心。

[巴芬湾的冰川]

湾内漂浮着大量冰川

巴芬湾大部位于北纬 70° 以北，气候严寒，尤其是冬季，受格陵兰外的极地暴风雪的影响，这里全年大部分时间封冰，仅 8、9 月可融冰通航，海湾中的海流呈逆时针方向环流，从北边海峡流入的北冰洋水流沿巴芬岛汇入大西洋。西格陵兰暖流紧挨着格陵兰海岸，从迪斯科岛流到格陵兰的图勒海面，再向西南与寒流混合。海湾中央覆盖着厚冰层，但是在北部由于西格陵兰暖流的影响，实际上从不封冻，形成“北方水道”。海湾中的冰山大部分都是冰川冲入海中断裂而形成的，最大的冰山有 70 米高，水下有 400 米深。

自从人类的海船开向北冰洋深处后，对北极的探险就从未停止过，在历经了地理扩张、争夺航道、猎鲸热潮、科学探险之后，北极探险旅行悄然兴起，这里独特的地理风光、奇异的生态环境，吸引了越来越多普通人的目光。

水仙境

比斯坎湾

这里有清澈透明的海水、五彩缤纷的海底世界和蜿蜒的红树林，知名景点有比斯坎国家公园和迈阿密海滩。

[迈阿密大屠杀纪念馆]

该纪念馆用来展出 1933—1939 年纳粹德国在第二次世界大战全面爆发之前对犹太民族的迫害史实资料。

比斯坎湾是一个属于北大西洋的浅海湾，位于美国佛罗里达州南部。其长 64 千米，宽 3 ~ 16 千米，西北是迈阿密城区，东北部紧邻著名的迈阿密海滩和弗吉尼亚岛、比斯坎岛等。

各种殖民势力争夺的地方

据记载，早在一万年前，这里就有人类生活，后来成了印第安人的聚居地，他们在此渔猎，过着与世隔绝的生活。1513 年，西班牙人胡安·庞塞·德莱昂为寻找“青春泉”来到佛罗里达，此后佛罗里达海域的岛屿和海岸线便不再太平，先后被西班牙、法国、英国和德国占领，殖民者在此开辟种植园，栽种甘蔗、香蕉、玉米和热带水果等。1819 年，美国占领了佛罗里达，比斯坎湾也因此成了美国的领土。

[比斯坎国家公园]

比斯坎国家公园

比斯坎湾的经济以旅游为主，1968 年，海湾 1/2 以上的水域和礁石被辟为比斯坎国家公园，公园 95% 的面积是海洋，因此被人们称为“水仙境”。其面积达 700.3 平方千米，有 4 个独特的生态系统：海岸线红树林沼泽、比斯坎湾浅水区、珊瑚石灰石礁石和近海佛罗里达礁石。

整个公园都是户外运动者的天堂：广阔的天穹与地平线上湛蓝的海水相接，沿海岸线蜿蜒的红树林蕴藏着无数神奇之处，这里还有丰富多样的热带海洋生物，包括 16 种濒危野生动物，如西印度海牛、美洲鳄、游隼、燕尾蝴蝶、小锯齿鱼等；此外，公园内还有包括濒临灭绝的仙人掌和棕榈在内的热带植被等。游客可以在这里游泳、划船、浮潜、露营、参与帆船运动、观看野生动植物。

[比斯坎国家公园中的灯塔]

这座灯塔是比斯坎国家公园内的知名打卡点，是必游之地。

迈阿密——邪恶的城市

迈阿密位于比斯坎湾西北，是美国佛罗里达州的第二大城市和美国人口最稠密的城市之一，还是南佛罗里达州都市圈中最大的城市。因为迈阿密的气候温暖，是美国退休人士最爱居住的城市之一，所以也被戏称为“等候上帝召唤的等待室”。

比斯坎国家公园水下有 40 多艘沉船，其中大部分是殖民时期的沉船，这些沉船成了公园内绝佳的潜点，潜点之间有水上步道相连。

[比斯坎湾沉船标记]

比斯坎湾水下暗礁遍布，在比斯坎国家公园内就有 40 多艘有记录的沉船，有一些沉船处有明显的标记。

[基维斯特著名地标]

基维斯特距离迈阿密大约208千米，距离古巴首都哈瓦那171千米。基维斯特的尽头有一个浮标形状的建筑物，同时也是小岛的著名地标。游客们到这里都会驻足、留影，因为这里是美国大陆最南端，名副其实的“天涯海角”。浮标式建筑物上有一个三角形的图案，写着：The Conch Republc（海螺共和国）字样。1982年，基维斯特地方政府曾经宣布脱离美国成立海螺共和国，不过第二天就投降了。

美洲的首都

迈阿密被认为是美洲文化的“大熔炉”，与南美洲、中美洲以及加勒比海地区在文化和语言上关系密切，有时甚至还被称为“美洲的首都”。无处不在的拉丁文化为这个明媚的海滨城市增添了一抹异域风采。

罪恶的城市

迈阿密有令人向往的阳光沙滩、棕榈树，美得让人窒息；同时它又充满罪恶，这里是美国最贫穷的城市之一，31%的居民收入在美国贫困线下。美国很多关于暴力、毒品、犯罪的电影，如《迈阿密风云》《疤面人》《嗜血法医》和《侠盗猎车手：罪恶都市》等都是以这座城市为背景拍摄的。

迈阿密海滩——派对海滩

比斯坎湾以宜人、和煦的天气及众多美丽的海滩而闻名于世，在这些海滩中最美、最让游客向往的要数迈阿密海滩。

迈阿密海滩与迈阿密市隔着比斯坎湾相望，海水较浅，风小浪平，白沙柔软，平坦广阔，绵延数千米，像一条长长的宽大白色玉带镶在海边，一眼望不到头，是美国著名的海水浴场，也是全世界名列前茅的观光胜地，有几座跨海大桥与之相连。

迈阿密海滩的南滩是比斯坎湾最著名的一段海滩，也是迈阿密最有名、最吸引人的海滩，这里有白得发亮的沙滩、蓝得令人不可思议的天空、低空飞翔并在

[迈阿密海滩的救生塔]

迈阿密海滩的特色风景是五颜六色的救生塔，据说迈阿密海滩一共有31座这样的救生塔，分布在全长16千米的海滩上。

沙滩上觅食的海鸟。这里还聚集了上百家酒吧、夜店、餐厅、酒店，以及各种历史悠久的精品店，同时还是夜生活者的天堂，海滩周边充斥着各种聚会、派对，是迈阿密当之无愧的“派对海滩”。

豪宅云集

比斯坎湾的众多小岛上豪宅云集，犹如一个豪宅博物馆。众多美国本土名人、富豪，以及来自拉丁美洲和欧洲的富人是这些豪宅的主要拥有者，如好莱坞巨星威尔·史密斯、伊丽莎白·泰勒、史泰龙、拉丁歌后格罗利娅·伊斯特梵等人的别墅都坐落在这些岛上。

世界最大的邮轮码头

迈阿密港位于比斯坎湾，是美国名列第八的海港，拥有世界最大的邮轮码头，可同时停泊 20 艘邮轮。全球很多大型邮轮公司都在这里设立总部或分部，每年承载旅客超过 1800 万人。此外，它还是美国最繁忙的货运港之一，每年进口货物近 1000 万吨。

从迈阿密港乘船，放眼四周，可以一览比斯坎湾的景色：椰林环绕海岸，壮观的跨海大桥通向富人居住的岛屿，与远方的摩天高楼连成一道美轮美奂的都市海湾风景线。

[伊丽莎白·泰勒豪宅草地上的兔子雕像]

伊丽莎白·泰勒每离婚一次就得到一套房子，所以设计师给她的这套房子设计了一座兔子雕像，象征她如同兔子般不安分的婚姻生活。

一般认为迈阿密海滩是比较安全的，但游客还是应该待在灯火通明、游客较多的街道上。迈阿密主岛及市区北部相对危险，应尽量结伴而行，避免夜间前往。

明星岛是比斯坎湾众多岛屿中富豪、明星购置豪宅最多的岛屿，如果能在明星岛拥有一套豪宅，就说明其是美国上流社会精英中的一员。

来到比斯坎湾后，可以乘坐游船环绕“明星岛”逛一圈，明星岛上众多豪宅也成了游客观光的风景。

只有通过水路和桥梁才能从陆地到达这些豪宅云集的小岛。

比斯坎国家公园内的艾略特岛是佛罗里达最早由珊瑚形成的岛屿，是北美洲最北部的珊瑚礁，同时也是美国大陆唯一的珊瑚礁和世界上最大的珊瑚礁之一。

[迈阿密风景]

世界上最高的潮汐所在地
芬迪湾

这里以迅速涨落的潮汐而闻名，是世界上最高的潮汐所在地，被誉为“全球海洋奇观”之一。

芬迪湾大潮是潮汐共振的结果，当大浪从海湾的入海口到远岸再回到入海口，所需的时间与涨潮和退潮之间的时间相同或几乎相同，就会发生潮汐共振，从而放大了潮汐，在特殊时期，芬迪湾的潮汐能超过20米。

芬迪湾是鲸的天堂，座头鲸、小须鲸、领航鲸和稀有的露脊鲸从加勒比海陆续洄游到此。

芬迪湾位于加拿大东南部大西洋沿岸新斯科舍省和新不伦瑞克省以及美国缅因州之间，以迅速涨落的潮汐而闻名，拥有世界第一潮汐差，被誉为“全球海洋奇观”之一。

芬迪湾原本是一个陆地峡谷，冰河时期结束后才逐渐形成海湾，湾口宽92千米，从湾口向东北延伸241千米，沿岸经冰雪风雨侵蚀，潮汐日夜冲刷岩层，使芬迪湾的各处展现多种多样的风貌，形成无数小海湾和几个深水港湾，其中最有名的海湾有奇内克托湾和明纳斯湾，较大的港口城市有圣约翰、圣安德鲁斯、迪格比和汉茨波特等。

好望角石林

好望角石林位于奇内克托湾内，是由芬迪湾潮汐冲击而形成的一片鬼斧神工的岩石柱群，有花瓶岩、象鼻

[涨潮时的好望角石林]

岩、熊状岩等，巨大的红褐色砂石岩伫立在海边，仿佛因被惩罚而变成石头巨人一般。

好望角石林前面是波涛汹涌的大西洋，后面是高耸参天的原始森林，这里是世界上少有的森林与海洋完美结合的地方，整个好望角石林会随着潮涨潮落而出现或消失，特别是涨潮之时，这些奇特的岩石被淹没，只留下红色岩石兀立在湛蓝海洋中，更显出芬迪湾的壮美，令人叹为观止。

[花瓶岩]

退潮后的花瓶岩像一个伸出地表的脖子上顶着大大的脑袋。

愤怒角观潮点

愤怒角距离好望角石林不远，这是和好望角石林一样，都是观看芬迪湾大潮的好地方，这里的礁石虽然没有好望角石林那么唯美，但是同样数量众多，使整个海域变得格外凶险，尤其是涨潮时，海潮会异常凶猛，因而得名愤怒角。

愤怒角的最佳观潮地点是岸边悬崖上的灯塔处，该灯塔始建于 1840 年，在此守候了芬迪湾近 200 年，是愤怒角和芬迪湾的有名景点。

[愤怒角灯塔]

该灯塔矗立在海边，在此可以观看芬迪湾潮汐和大西洋日落，不失为美妙的享受。

逆流瀑布

芬迪湾的形状狭长，湾口大，像个长长的喇叭形，便于潮波能量的汇聚并涌入内河，将河水推高，逆向倒流，形成芬迪湾不容错过的奇景。观看这种逆流而上的奇景的最佳地点是新不伦瑞克省的最大城市——圣约翰

[象鼻岩]

好望角石林的岩石多为上粗下窄的花瓶形状，有的底部还被海水侵蚀成一个个的洞穴，人们可以在其中钻来钻去。

[逆流瀑布大桥]

市的逆流瀑布大桥。

每当涨潮之时，超过全世界所有淡水河水量总和的海水冲进芬迪湾，再冲进圣约翰河，当退潮时，河水急往下流，遇到水面以下的暗礁后形成漩涡，似水倒流，这就是逆流瀑布奇观。

早在 1604 年，奉命到芬迪湾探险的法国探险家萨缪尔·德·尚普兰抵达了圣约翰河口，那天刚好是天主教的圣约翰日，尚普兰就把这条河命名为圣约翰河，并在河口建立了最初的定居点，这个重要的地理位置使这里很快就成为北美东部的军事要塞，被命名为圣约翰堡。

世界最高潮汐所在地

芬迪湾有众多的观潮点，其中潮势最盛的观潮点位于本特寇特海德公园。

本特寇特海德公园位于新斯科舍省的沃顿河口不远处，这是世界上最高的涨潮地，在公园的入口处有一块告示牌上写着“世界最高潮汐所在地”几个字。这里的平均潮汐差为 14.5 米，最大值达 16.3 米，特殊时期甚至能超过 20 米。其场面壮观，冠绝全球。

退潮之后，在露出的弯弯曲曲的海床上，海滩赤红，海水如幽蓝，波光似白雪，镶嵌着点点赭黑的礁石和片片蜡黄的海草，在海水冲刷形成的水坑中，还可以发现滞留在此的小型海洋生物，极像一幅色彩艳丽的油画。

[逆流瀑布提示牌]

世界遗产地和生物圈保护区

芬迪湾是世界上潮汐差最大的海湾，潮汐扰动着海水，带动海底养分涌升，构成浮游生物生长的最理想条件。浮游生物使珊瑚、海葵、海鞘、磷虾大量生长，又给鲸、鲨鱼、海豚、海豹、鼠海豚、龙虾提供了充足而又营养丰富的食物来源。除此之外，退潮的海边泥滩还成了海鸟、海狸、麋鹿等的生存天堂，形成了一个富饶而缤纷的海洋生态系统，被联合国教科文组织列为世界自然遗产和生物圈保护区。

神圣美好的海湾

象鼻湾

这里有碧蓝与翠绿交织的海水、洁白的沙滩、缤纷多彩的珊瑚、郁郁葱葱的椰树和暗绿的灌木丛，是一个不可多得的度假胜地。

象鼻湾位于美属维尔京群岛的圣约翰岛北侧中部，正对大西洋。这里的海滩曾被美国《国家地理》杂志评为“世界十大最美海滩”之一。

圣约翰岛共有居民3500人，其中绝大多数居住在克鲁兹湾旁的小村中，生活节奏缓慢、安逸。除岛民外，还有350头左右的野驴也在这里寻到了一方清净。

象鼻湾海滩

象鼻湾被群山围绕，山坡上长满了郁郁葱葱的椰树和暗绿的灌木丛。海湾内嵌有一个细腻柔和、纯净如洗的白沙滩，常年风平浪静，景色美不胜收，纯白的沙滩和蔚蓝色的大海融为一体，海面波光粼粼，海水清澈见

[象鼻湾海滩]

象鼻湾海滩是美属维尔京群岛众多海滩中唯一收费的，儿童免费。

[海底绚丽的珊瑚]

在象鼻湾举办婚礼，现场除了牧师的声音外，还有节奏轻柔的海浪声以及海鸟的鸣叫声，比起繁华都市里的奢华婚礼，象鼻湾的婚礼反而更加宁静、浪漫，更有回归自然的感觉！

底，这一切将整个海湾衬托得格外宁静、和谐、美好、纯净、浪漫。许多著名明星在此举行婚礼，著名影星瑞妮·齐薇格经典的海滩结婚照就是在这里拍摄的。

潜水胜地

象鼻湾不像巴厘岛和马尔代夫那么拥挤，这是一片尚未开发的处女地，不仅是情人们宣誓共度余生的神圣港湾，还是一个绝美的潜水胜地。在这个不大的海湾不远处有一条浮潜步道，沿着步道浮潜，可以清楚地看到海底的珊瑚，而且在珊瑚边有 15 个铭牌，上面标明了珊瑚的品种，以及生活在此的各种热带鱼、海龟和一些水生植物的介绍。

欧洲篇

最具情调的海湾

巴塞罗那湾

这里气候宜人、风光旖旎、古迹遍布，人们往往将它和度假、建筑、体育联系在一起，是一个激情与活力兼备的地方。

巴塞罗那湾也被称作黄金海湾，位于伊比利亚半岛东北部，濒临地中海，有宜人的地中海气候、绵延的海滩和灿烂的阳光，是一个让人去了就不想离开的地方。

巴塞罗那城

巴塞罗那城是一座沿着海湾而建的港城，是美丽的“欧洲之花”，素有“伊比利亚半岛的明珠”之称，是西班牙第二大城市、加泰罗尼亚自治区的首府、地中海沿岸最大港口。

巴塞罗那城的起源可以追溯到 2300 多年

[巴塞罗那大教堂]

巴塞罗那大教堂是巴塞罗那哥特区的一座哥特式建筑，是天主教巴塞罗那总教区的主教座堂，由康诺恩荷斯之家、德卡之家和依亚拉迪亚卡之家这三座中世纪教堂组成。

该教堂始建于巴塞罗那最鼎盛时期的 13—15 世纪。从开始修建到完工共耗费了 150 年的时间，漫长岁月里又经过了无数次的加工，新哥特式的立面修建于 19 世纪，因此教堂的各部分呈现不同的建筑风格。

[巴塞罗那奥林匹克公园]

巴塞罗那奥林匹克公园是 1992 年巴塞罗那奥运会的纪念广场。

前，迦太基人在这片土地上建立了殖民地，并取名为“Barkeno”（古代腓尼基语）。之后，这里被罗马人、哥特人及阿拉伯人相继入侵，也因此使巴塞罗那城中古迹遍布，罗马式、哥特式的古老建筑与现代化的高楼大厦交相辉映，成为西班牙最著名的旅游胜地。

兰布拉大道

兰布拉大道长约 1.2 千米，是巴塞罗那的一条中央大道，穿过最繁华的城市中心和老城区，一直延伸到地中海边，它是世界上最著名的大道，也是一条充满活力和朝气的步行街。它是余秋雨笔下的流浪者大街，这里云集了来自世界各地的行为艺术家和游客，沿途有各种艺术人体仿塑像、博物馆、餐厅、酒店、娱乐场所等。道路两边栽满了高大挺拔、枝叶繁茂的梧桐树，衬托着各种充满艺术性和异国情调的建筑，冲击着人的视觉，给人一种美的享受，别有一番情趣。

哥伦布纪念碑

沿着兰布拉大道一直走到最南端，是紧靠巴塞罗那湾海滨的哥伦布广场，广场中有当地的标志建筑——哥伦

[圣家堂]

圣家堂经过 100 多年的建造至今尚未完工，是世界上唯一一座还未完工就被列为世界文化遗产的建筑物，是被誉为“上帝的建筑师”安东尼·高迪·科尔内特的遗作，将他的宗教理想和建筑理想合二为一。该教堂将《圣经》中的各个场景在整座建筑中逐一展现，似乎赋予了教堂生命力。

[兰布拉大道艺术人体仿塑像]

兰布拉大道有大量的人体仿塑像，惟妙惟肖，分布在整个大道上，成为当地一个知名景点。

[哥伦布纪念碑]

[哥伦布纪念碑底座上的黑色铜狮]

布纪念碑：巍峨的圆柱形纪念碑顶端是意气风发的哥伦布雕像，其凝神远望、右臂指向前方海洋。纪念碑碑身四周有记载哥伦布航海事迹的碑文和很多雕塑，底座的圆形台阶下放置着 8 尊巨大的黑色铜狮。

这里是巴塞罗那市的终点和地中海的始点，也是 1492 年哥伦布第一次从美洲探险凯旋，正式宣布发现新大陆和描绘奇异新世界的地方。

黄金海滩

在哥伦布广场前有一条海滨大道，距离海滨大道不远处是贝尔港，这里有一个深水码头，当年是哥伦布远航的出海口，如今港湾里停泊着密密麻麻的私人游艇。

海滨大道沿着巴塞罗那湾而建，大道一边是华丽古老的建筑和现代化的高楼大厦，一边是金色沙滩和湛蓝色的海水。

在巴塞罗那湾 4.2 千米长的海岸线上分布着 10 多个大小不一的天然海滩，其中有 4 个主要的海滩：

[毕加索博物馆]

毕加索博物馆是一座建于15世纪的优美宅邸，属于加泰罗尼亚典型的哥特式建筑，它有着幽静的庭院、华丽的墙壁和窗棂，馆内几乎涵盖了毕加索从其创作初期到“蓝色时期”的所有作品，包括油画、素描、版画以及他的亲笔原稿。

巴塞罗那不仅古迹富有特色，而且现代建筑也别有个性，城市角落处处充满艺术性和异国情调，更有毕加索、达利、米罗、塔皮埃斯、高迪等艺术家的艺术作品散落在城市的各个角落。

巴塞罗那塔海滩、伊卡里亚海滩、玛贝拉海滩（裸体海滩）、锡切斯海滩，它们都有金黄色、软绵绵、细细的、温暖的沙滩，被统称为黄金海滩。

[米拉之家]

米拉之家建于1906—1912年，呈抛物线或悬链线的形状，是高迪设计的最后一所私人住宅，米拉之家是后来世界各地同样具有生物形态主义风格建筑的先驱。

世界上最多彩的海湾 奥尔塔湾

奥尔塔湾虽然孤立于海中，却绝非孤家寡人，因为整个大西洋的船只几乎都曾从它的身边经过。

[奥尔塔港码头上的涂鸦]

随着游客的到来，奥尔塔港码头上的涂鸦变得更加丰富，只要是路过此地的船只都会在码头上签到以作纪念，渐渐地，很多游客也会在码头的空白处留下“到此一游”的标记。

奥尔塔湾是大西洋沿岸的一个海湾，位于葡萄牙亚速尔群岛西部的法亚尔岛，距离里斯本1600千米，海岸边有一座面海而建的奥尔塔城，其多彩的房屋和海天一色的景色如同一幅令人赏心悦目的风景画。

奥尔塔湾呈“C”字形，其开口朝向大西洋，海湾内的奥尔塔城是一座典型的与世隔绝的小城，依然保留着中世纪文艺复兴时期的传统。马克·吐温曾于1867年参观过这座城市，并被深深地吸引，还曾在《傻子出国记》中描述了这里的生活、文化和风俗。

奥尔塔湾一端建有机场，虽然很小，但却是通往法亚尔岛的重要途径，也是通往其他岛屿的重要中转站。海湾的另一端是奥尔塔港，它是全球第四大繁忙的帆船港和跨越大西洋的船只的必经之处，也是

[奥尔塔港涂鸦]

在奥尔塔港有一个非常奇特的景观，在港口的围堤墙壁上、地上到处都是彩色涂鸦，这些涂鸦出自过往大小船只的水手之手，据说这样可以保护他们顺风顺水，一路平安。

奥尔塔市不远的海边有多个黑色沙滩，这里的沙砾是黑色的，海水则清澈见底。

[名副其实的蓝岛]

绣球花其实是从中国引进的，雪松是从日本引进的。因为亚速尔群岛的气候格外好，阳光、雨水都很充足，土壤肥沃，所以植被长得既快又好。

[法亚尔岛连帽斗篷]

亚速尔岛连帽斗篷是一种传统的亚速尔服装，在亚速尔群岛流行至1930年代。其主要功能是外套，有时也被选作许多亚速尔新娘礼服的外套。亚速尔岛连帽斗篷的剪裁和帽子的设计"因岛而异"，以法亚尔岛的设计尤其著名，斗篷有一个楔形的夸张大帽子。

一个躲避风雨大浪、停泊休息的良港。在奥尔塔港的码头和岸堤上，不知从何时起，被水手们画满了油漆画：有人名、船名、图腾以及当时途经此地的年份等，千奇百怪的涂鸦，使奥尔塔湾成了一个最多彩的海湾，这些涂鸦别具风格，是法亚尔岛、亚速尔群岛乃至整个大西洋航线上的一处知名景点——"海员画廊"。

法亚尔岛上无处不在的绣球花，也使得奥尔塔湾更具仙气，即便不是花季，依山傍海、被白瓦红墙点缀的奥尔塔湾依然美得惊人。

奥尔塔港是船只停靠的站点之一，海岸边、码头上随处可见商店门前被盐水浸湿的招牌上钉着招募船员的公告和酒品介绍；店内展示着各类雕刻品的珍藏，甚至还有鲸齿的雕刻作品，天花板上悬挂着游艇俱乐部的三角旗帜等。

[法亚尔岛小海湾]

世界上独一无二的海滩

蓝拉湾

这里拥有世界上独一无二的海滩，游客纷至沓来，欣赏美丽的热带风光，感受触动人心的黄红色沙滩美景。

[哈玛海滩的黄红色沙滩]

蓝拉湾位于马耳他岛北部戈佐岛一处富饶美丽的溪谷中，周围风光旖旎，景色秀丽，而且非常宁静，因独特的哈玛海滩而闻名于世，是戈佐岛上最著名的景点之一。

哈玛海滩

哈玛海滩被蓝拉湾环抱，是马耳他最好、最知名、最大、最迷人的海滩，哈玛海滩在马耳他语中的意思是“红色沙滩”的意思，它与戈佐岛其他的海滩不同，这里的沙子呈黄红色，整个海滩就像金光闪闪的黄金，耀眼无比，这种美景在世界上是独一无二的，让人不得

[俯瞰蓝拉湾]

[《奥德赛》中的英雄奥德修斯]

[卡吕普索女神]

不感叹大自然的无限魅力。

卡吕普索洞穴

卡吕普索洞穴位于哈玛海滩边，从洞穴中可以 180 度观看海滩美景，别有一番地中海风味。相传这里是海之女神卡吕普索的住所，当年海之女神看上了奥德修斯，承诺只要他留下来陪伴就让他永生，奥德修斯被卡吕普索的魔力迷惑了 7 年后，还是毅然选择回到他的妻子佩内洛普身边。

蓝拉湾山坡上的果树和花卉灿烂地盛开着，蝴蝶在其中翩翩起舞，蜜蜂忙着采蜜，山下海边的“黄红色沙滩”细软绵延，海湾中萦绕着海之女神的故事，使这里更增添了几许神秘感。

马耳他曾被《孤独星球》评选为世界排名第五的旅游推荐地，是欧洲人度假必去的“后花园”。

马耳他拥有绝美的岛屿和海景，其中有“马耳他花园”美誉的戈佐岛是第二大岛，面积为 67 平方千米。

马耳他位于地中海中部，在意大利的“靴子跟”上，国土面积只有 316 平方千米，是世界上最小的 10 个国家之一。

[蓝拉湾风景]

奇特的喀斯特石灰岩海岸

德维拉湾

这里充满魔幻或神话的色彩，不仅仅有壮丽的美景，还有英雄主义的壮烈和奔赴自由的孤独，是许多好莱坞电影和美剧的取景地。

[蓝窗]

[蓝窗附近的小教堂]

天主教是马耳他的国教，98%的马耳他国民信仰天主教。马耳他全国共有300多座教堂，仅在戈佐岛上就有46座，平均1平方千米左右就有1座教堂。

德维拉湾位于马耳他岛的戈佐岛西部海岸，是一个“C”形的海湾，整个海湾多为喀斯特石灰岩，经过日积月累的海浪的侵蚀，形成了许多千奇百怪的岩石，包括蓝窗、真菌岩等使人惊叹的美景。好莱坞影片《诸神恩仇录》《奥德赛》，美剧《权力的游戏》等都曾在这里取景。

马耳他三蓝之一蓝窗

蓝窗是美剧《权力的游戏》的取景地之一，位于德维拉湾内，是一个由两块大石灰岩崩塌后形成的天然大拱门，矗立在地中海中，就像是上帝的窗台一样，当太阳落下山去的那一刻，透过拱门看海天相接处，就像是一扇蓝色的门窗，因而得名。

蓝窗在马耳他的大海中存在了上千年的时间。2017年，由于连日的大风引起巨浪冲刷，该拱门已坍塌，这个景点永远消失了。如今人们只能通过明信片和照片来欣赏这个曾经壮观的自然奇迹。

[马耳他三蓝之一蓝洞]

蓝洞位于马耳他主岛的东南方，其标志性的景观是在海水侵蚀作用下形成的巨大石灰岩空洞。

长有奇药的真菌岩

马耳他岛的海浪侵蚀出了蓝窗，同时也在附近创造出另一块不凡的岩石——真菌岩。相传，在圣约翰骑士团时代，一名骑士团指挥官在真菌岩上发现了一种蕈类，它能治疗很多病，并且药效显著，具有巨大的药用价值。于是在 1744 年，圣约翰骑士团首领颁布命令，禁止任何人靠近这块岩石，并派驻卫兵将通往真菌岩的道路全部封死，常年戒严守护。而蓝窗是通往真菌岩的必经之路。

如今蓝窗已经永远消失了，真菌岩因此更成为德维拉湾的宠儿，更显其魅力。

德维拉湾不只有蓝窗、真菌岩和各种奇岩怪石，其海底景观也十分绚丽美妙，非常适宜游泳、潜水、划船等水上运动，是到戈佐岛必游的景点之一。

[真菌岩]

在蓝窗旁边的真菌岩上长有珍贵的蕈类，可治疗出血和胃溃疡等病，效果类似我国的云南白药。

地中海的心脏
瓦莱塔湾

在瓦莱塔湾甚至整个马耳他，见到最多的是坚固的城堡、大炮以及战舰，可以看得出来，这里的历史充满了刀光剑影！

[瓦莱塔圣约翰大教堂内]

瓦莱塔古城市中心的圣约翰大教堂建于1573—1578年，是马耳他的地标性建筑。该教堂内部陈列着意大利画家卡拉瓦乔的重要作品《被斩首的施洗者圣约翰》。其地下墓穴中安放着圣约翰骑士团首领瓦莱塔的遗体。

历史上的马耳他命途多舛，先后被希腊人和罗马人统治，拜占庭帝国和阿拉伯帝国的士兵也曾踏足这里。公元1530年，奉罗马教皇克利门七世和神圣罗马帝国皇帝查理五世之命，圣约翰骑士团开始了对这里长达200多年的统治。

1566年3月28日，瓦莱塔城举行奠基仪式，该城动用了8000名劳工，花费5年的时间才建成。

瓦莱塔湾地处地中海中部，被马耳他首都瓦莱塔和三姐妹城等城市包围，是欧洲、亚洲、非洲海运交通的枢纽，战略地位十分重要，素有“地中海的心脏”之称。

瓦莱塔是一座迷人的城市

瓦莱塔是马耳他最大的海港，山、海、城相依，城内建筑布局整齐，是一座巴洛克式建筑风格与当地建筑形式协调融合的城市，拥有320座具有建筑艺术和历史价值的古建筑，整个城市都是宝贵的人类文化遗产，1980年被联合国教科文组织列入世界文化与自然遗产保护名录。

瓦莱塔城的街道狭直，两旁的建筑均由马耳他特有的石灰岩建成，呈灰白色。行走于繁华的主街上，放眼望去，每条狭窄街道的尽头都是大海的蓝色。这是一座迷人的城市，有“艺术之城”“绅士之城”等称号。

[老薄荷街]

瓦莱塔老城的街道都很像，到处都是斜坡，其中最著名的打卡点是老薄荷街。

以瓦莱塔的名字命名

历史上的马耳他可谓多灾多难，2000 多年来先后被腓尼基人、迦太基人、罗马人、诺曼人以及英国人占领和统治。

马耳他的首都瓦莱塔始建于 1566 年，是一座拥有近 500 年历史的古老城市，拥有众多的历史建筑，在欧洲历史上著名的战役“马耳他之围”之后，马耳他军民在海湾高地上修建了一座 3 千多米长的城池作为军事要塞，以防外敌再度入侵，并以“马耳他之围”战役的指挥者圣约翰骑士团首领让·德拉·瓦莱塔的名字命名。1571 年，瓦莱塔城被定为马耳他首都。

三姐妹城

三姐妹城由瓦莱塔湾上的 3 座相连的城市组成，与瓦莱塔城遥相呼应，其地理位置极具战略意义，曾是圣约翰骑士团统治时期的重要防御线。这 3 座城市的历史可追溯到腓尼基人占据马耳他的时代，这里的宫殿、教堂和城堡比瓦莱塔的更古老。

三姐妹城即维托里奥萨、科斯皮库斯和森格莱，其中最有名的要数维托里奥萨，其位于瓦莱塔的正对面，历史上很多著名战役都发生于此，因此又被称为“马耳他历史的摇篮”，是圣约翰骑士团最初的据点。圣约翰骑士团指挥者瓦莱塔为了纪念该城在“马耳他之围”中的光荣历史，将它重新命名为“胜利之城”。

外来统治者们曾先后在瓦莱塔和马耳他岛上的其他地方建造各自民族风格的寺庙、教堂、城堡、宫殿等。这些古老建筑有的已经成为残垣断壁，有的已经埋没于荒草蔓野之中，但也有一部分保存完好，成为历史的见证。

[瓦莱塔湾堡垒中的火炮]

大力水手的童话世界

锚湾

这是一个神奇的海湾，海湾内有颜色明亮的小船随意漂在海面上，长长的栈道从村庄延伸至海边，沿岸有数十座涂着鲜艳颜色的木房子，看上去摇摇欲坠、高高低低地坐落在大海之滨。

[大力水手的最爱——菠菜罐头]

在大力水手村，菠菜必然是最受欢迎的蔬菜，与漫画同款的菠菜罐头则是最常见的食物。在村庄的“水手酒吧”里，菠菜汤是最畅销的菜肴，人们都想体会一把大力水手的感觉。

锚湾位于马耳他北部，这里的海水就像加了天然滤镜，极其幽蓝透明，漂亮极了。

锚湾形如一个口袋，“袋口”处连通地中海，“袋子内壁”风光秀丽的海边有一个如同童话世界般的小村——大力水手村。

大力水手村是一个人造村，曾是一个“与世隔绝”的小乡村。1929 年，美国漫画家埃尔兹·西格在连环画《顶箍剧院》中首次创作大力水手“卜派”的形象，1933 年拍成卡通电影短片后，受到人们的喜欢并风靡全球。1980 年好莱坞的派拉蒙

[大力水手村摇摇欲坠的房子]

[大力水手村]

电影公司和迪士尼公司决定拍摄同名真人版电影，经过摄制组挑选后，将外景地选在马耳他的锚湾，并根据连环画《大力水手》中描绘的场景，动用 165 个工人，花费 7 个月的时间，在锚湾的沿岸依漫画 1∶1 还原、建造了错落有致的撞色房屋，有理发店、面包房、锯木场、鱼店、邮局、鞋匠铺，甚至还有墓地，力求逼真，电影公司特意将房屋做成摇摇欲坠的效果。

电影拍摄完成后，这些本应拆除的建筑物在当地人的强烈要求下被保留了下来，并将这里正式命名为大力水手村，成了从漫画里走出来的特色文旅小村。

大力水手村很小，围绕锚湾海岸转一圈用不了半小时，但是在小村里，尤其是小孩，更能感受到仿佛身在动画中的快乐，实景实物，再加上专业人员扮演动画人物，各种各样有趣的互动活动，给人一种独特的体验。

锚湾中湛蓝的海水和岸边五颜六色的房子，使得整个村子都变得更加可爱，这里不仅是一个童话世界，更是和天然绝美景色融为一体的世外桃源。

大力水手村 19 幢建筑物的材料大都是从荷兰等地搬运过来的。

[大力水手卜派动漫形象]

大力水手卜派是个独眼且不修边幅的小个子水手，爱抽烟斗，爱打拳击。总是在吃完一罐菠菜之后，就会力大无穷，击败情敌布鲁托。

藏在深闺的绝美海湾

科托尔湾

科托尔湾常年阳光灿烂、风和日丽，有湛蓝而平静的海水和温暖的气候，深藏其中的中世纪小镇散发着慵懒的气息，吸引了越来越多的游客前来度假。

科托尔湾又名卡塔罗湾，是亚得里亚海沿岸的海湾，位于黑山共和国南岸，是地中海唯一的峡湾，地理位置优越，海湾内有保存完好的一些中世纪的城镇。

> 科托尔湾可以分为4个主要的海湾，海湾最外面的部分是蒂瓦特湾，位于亚得里亚海主要入口处的是新海尔采格湾，内部则有西北部的里桑湾和东南部的科托尔湾。

> 科托尔湾地区自古以来就有人类活动。居民主要为塞尔维亚人、黑山人以及克罗地亚人。

形似峡湾的曲折海湾

科托尔湾狭长曲折，深入内陆 32 千米，由 4 个主要的海湾组成，并由一条细长的通

[科托尔湾]

道连接在一起，出口处宽3千米，水深8～15米，潮差小，仅有0.6米，少淤泥，是欧洲最好的天然港口之一。

科托尔湾处于地中海亚热带，夏季炎热，其他季节则多雨。海湾两侧为奥连山，高山叠翠，在山海交接的山坡上点缀着一座座美丽的小村、小镇、小城，如同被海岸线串起的大小不一的珍珠，而这些美丽的珍珠中，最美丽的要数海湾之中的两座风景如画的小岛（双岛）和中世纪的古城科托尔、佩拉斯特等。

[圣特里芬大教堂]

圣特里芬大教堂是科托尔主教座堂，是科托尔古城内最引入注目的地标建筑。

科托尔古城

科托尔古城位于科托尔湾南端，是一个古老的港城，它的历史可以追溯到7世纪，最早建于1382年，历经威尼斯人、奥斯曼人、俄国人、法国人和奥地利人占领。

[科托尔古城墙]

科托尔古城有一座16世纪修建的堡垒，是地中海沿岸中世纪古城原貌保存得最完整的城市定居点之一。古城墙位于老城区东部，长约4.5千米、高20米、宽10米的老城墙环绕着古城，修建在几乎垂直的峭壁上，是欧洲最完整的“长城”，登上城墙之后可以一览科托尔湾的全景以及科托尔全城，非常漂亮。

[威尼斯圣马可飞狮]

如今科托尔古城入口的城墙上还雕刻着威尼斯的圣马可飞狮。

科托尔湾曾经是亚得里亚海海盗和斯拉夫海盗的避风港，15 世纪时，为了打击亚得里亚海海盗，保证海上高速公路的安全，威尼斯控制了科托尔湾，并开始修建科托尔城堡垒。

如今，科托尔古城中保留了大量的名胜古迹，如博物馆、圣特里芬大教堂、宫殿、石头街道、广场以及精雕细琢的台阶和城门，无一不彰显中世纪的古城风貌。

黑山共和国位于欧洲南部巴尔干半岛的中北部，是亚得里亚海东岸上的一个多山国家。面积 1.38 万平方千米，海岸线长 293 千米（海滩长 73 千米）。

历史上亚得里亚海一带长期被威尼斯共和国统治，所以科托尔湾深受意大利文化的熏陶，这里的城市建筑风格都明显地体现着意大利风味。

佩拉斯特

从科托尔开车大概半小时，可以到达黑山著名的观光地佩拉斯特小镇，小镇依山傍海而建，人迹罕至，非常安静祥和，一条海边公路贯穿整个小镇，公路两边有不少古建筑，沿岸度假公寓林立，还有几家餐厅和小型旅游纪念品店。

佩拉斯特镇上的建筑已有四五百年历史，相传在威尼斯统治时期，有 16 个斯拉夫贵族住在小镇，所以岛

科托尔先后被保加利亚第一帝国、塞尔维亚大公国、匈牙利王国、波斯尼亚王国、威尼斯共和国、奥斯曼帝国、奥匈帝国等控制，直到第一次世界大战后成为南斯拉夫王国的一部分，科托尔这个名字也正式被确认下来。第二次世界大战时再度被意大利占领，1944 年被铁托率领的游击队解放，成了南斯拉夫民主共和国的一部分，直至南斯拉夫解体、黑山独立。

上建有 16 座小教堂，其中在靠海的一边有一座佩拉斯特的地标性建筑——小教堂的钟楼，寻着钟楼石阶而上，登上钟楼可以俯瞰佩拉斯特和科托尔湾最美的风景——双岛（圣乔治岛和圣母岛）。

科托尔湾中除了科托尔、佩拉斯特之外，还有许多古城，其建筑风格大同小异。科托尔湾的独特之处在于海湾深深地切入陆地，被翠绿色的树林和白色的高山环绕，整个海湾点缀着众多古镇，游客随手一拍都是壮美、引人入胜的风景。

[圣母岛上的小教堂]

双岛指圣乔治岛和圣母岛，是两座袖珍小岛，景色优美如画，是科托尔湾著名的观光地。圣乔治岛是私人岛屿，不开放。圣母岛是由沉船和岩石堆积而成的人工小岛，据说 1452 年 7 月 22 日这天，海员们在这里发现了暗礁和圣母玛利亚怀抱耶稣的圣像，从此之后每次出海前都要路过此地祈求保佑，回来的时候会在这里扔下一块石头以感谢神灵，久而久之就形成了一座小岛。1452 年修建了这座教堂，后来又不断扩建成了今天的样子，岛上的主要建筑是一座修道院和一座博物馆。

纤尘不染的希腊蓝宝石

沉船湾

它被称为“希腊的蓝宝石”，是名噪一时的热播大剧《太阳的后裔》的主要场景之一。在陡峭的悬崖、清澈蔚蓝的海水、洁白的沙滩间，横着一条锈迹斑斑的老铁船，给人带来一种视觉上的震撼。

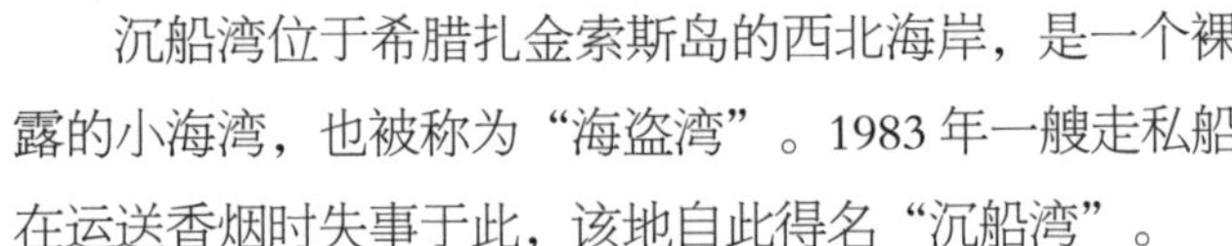

扎金索斯岛位于希腊西部，属于爱奥尼亚海，岛屿的名称取自希腊神话中达耳达诺斯的儿子扎金索斯。这里不仅是黑科林斯葡萄干的原产地，也是世界罕见的蠵龟的天堂。在电视剧《太阳的后裔》中，男女主人公最终确立恋爱关系的所有情节都是在这座小岛上拍摄的。

沉船湾位于希腊扎金索斯岛的西北海岸，是一个裸露的小海湾，也被称为“海盗湾”。1983 年一艘走私船在运送香烟时失事于此，该地自此得名“沉船湾”。

能“让人忘记天堂”的地方

希腊著名诗人索洛莫斯曾说，在扎金索斯岛有一个“让人忘记天堂”的地方，毫无疑问，这个地方就是指沉船湾。

在高耸陡峭的石灰崖壁怀里，一艘锈迹斑驳的破船被废弃在一片纯白耀眼的沙滩上，清澈碧蓝得像“蓝色果冻”一般的海水缓缓延伸出去，与远处的天空连成一

[索洛莫斯雕像]

索洛莫斯（1798—1857 年）是现代希腊诗歌最重要的奠基人之一，是希腊国歌歌词的作者。在扎金索斯岛的索洛莫斯广场，为纪念这位伟大的诗人而设立了专门的雕像纪念碑。

[沉船内已经积满了沙子]

片，蓝白相间，美得难以用言语形容。

定情圣地

当真正站上狭窄的观景台，低头望去，小小的港湾一眼望尽：蓝色的海，白色的沙滩，破旧的船只，这个天衣无缝的景观搭配，给到访的游客带来了极大的视觉震撼。在《太阳的后裔》里，宋仲基饰演的柳时镇曾载着宋慧乔饰演的姜暮烟划船来到此地，女主角立刻就被这片美丽的景色吸引，宋仲基随即用沙滩上的白色鹅卵石定情，所以沉船湾也被网友戏称为“定情圣地”。

别有洞天的希腊蓝洞

沉船湾是希腊最具象征性的海滩，常出现在明信片上，而与它一起出现的还有一个巨大的蓝色洞穴。

[沉船船身上的涂鸦]

船身上已经被大量的涂鸦占据，看起来别具风味，这有点像国内景点中涂鸦的“到此一游”的感觉。

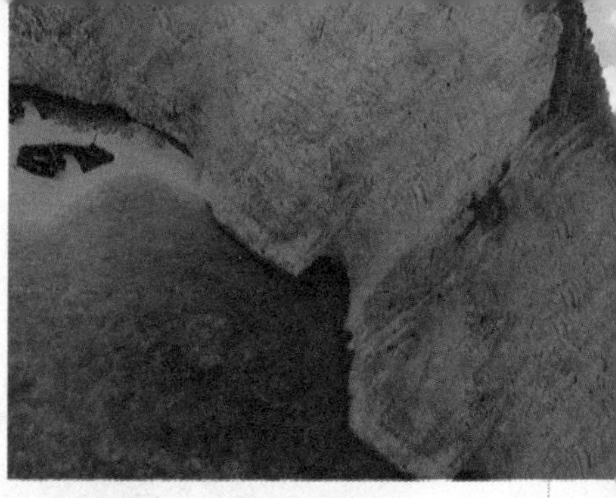

[沉船湾被峭壁环抱的沙滩]

[沉船湾的破船]

沉船湾当然得有一艘沉船才能以示正宗。不过这艘船并不是沉船。
1983年的某天，希腊当局接到线报，在扎金索斯海域有一艘走私违禁品的船只，于是警匪之间开始了一场追逐。因为暴风雨天气造成的能见度低，导致这艘船冲上这片海滩而搁浅。
事后，船被遗弃在这片白色沙滩上，任凭几十年来风吹雨打而锈迹斑驳，以至于后来不知情的人们还以为这是一艘承载着什么传奇故事的海盗沉船。

［沉船湾附近的蓝洞］

沿着沉船湾坐船行驶几分钟，就能看到由一个个错落有致的小岩洞组成的一道巍峨的拱门，这里就是扎金索斯岛的“蓝洞”。这个区域相对原始且荒僻，到访的游客不如其他地方的蓝洞那么多。

但这个蓝洞与其他地方的蓝洞在形成过程中异曲同工，都是由于岁月的侵蚀而形成的类似于盆地的“石窟”。

在阳光的照射下，石窟内蔚蓝的海水闪着晶莹剔透的光芒，看上去纯净得有些不真实。

希腊最美之地

在希腊人心中，爱琴海最美丽壮观的风光和希腊最原始的风土人情都隐藏在扎金索斯岛上，而扎金索斯岛最美的地方就是沉船湾。

在历史上，马其顿人、罗马人、奥斯曼人、威尼斯人、法国人、英国人曾分别占据扎金索斯岛，因此，这里也成了多种文化的交汇地。

这里的美景吸引了众多的游客，难能可贵的是几乎没有什么污染，保持着纯净的环境和宁静的氛围。不管是在海湾还是在蓝洞，海水的颜色都是由湛蓝过渡到浅蓝，延伸到很远的远方，将这个梦幻之地的宁静，毫无保留地呈现在世人眼前，使人心神随之荡漾。

［从山顶观看沉船湾］

在400米高的山顶，从人工修建的小型金属护栏观景台上俯瞰沉船湾，旁边是陡直的峭壁，下面是碧绿的海水和洁白的沙滩，一艘锈迹斑斑的老铁船横在那里，让人就像突然来到了另一个世界。

唯美的法式海湾

索姆湾

在这里可乘坐运行了130多年的老式小火车，悠闲地欣赏沿途的悬崖、古镇、森林以及滩涂上变幻莫测的风景。

索姆湾位于法国西北部的碧卡地省，面向大西洋，对岸是英国，是法国北部的入海口，因索姆河由此汇入大西洋而得名。索姆河在凯尔特语中的意思为“平静”，而索姆湾也是个平静的海湾，海湾面积约7200公顷，由沼泽、滩涂、索姆河构成一个广阔的三角地带，是鸟类和海豹的天堂。

[索姆湾自然风光]

法国1998年发行的邮票上的索姆湾自然风光。

索姆湾小镇

索姆湾小镇（又名圣瓦雷里）位于索姆湾湾口的滩涂之上，是一个宁静而美丽的小镇，曾被评为2017年法国最美小镇第二名。整个小镇沿着一条蜿蜒的小河而建，虽不见海，却能闻到阵阵海风，使人心旷神怡！

索姆湾小镇的历史悠久，6世纪时，法兰克王国就已经在这里建港。1066年，诺曼底公爵“征服者”威廉从这里出发，跨过英吉利海峡，取得了英国王位，

[索姆湾沟壑纵横的滩涂]

[通往海滩的栈道]

开启了英国诺曼王朝的历史。英法百年战争时期，圣女贞德在被押往鲁昂之前就被关押在这里。

索姆湾小镇承载了太多历史，是索姆湾的历史名镇，被评为法国“三朵花”级别的小镇。

运行了 130 多年的老式火车

来到索姆湾小镇，一定要乘坐当地有名的特色小火车沿着索姆湾的海岸线观光，沿途有索姆湾地区的特色小镇和丰富多样的城市建筑、古迹建筑、海滨建筑、乡村建筑等；还可以乘坐小火车观赏索姆湾生态区，呼吸新鲜空气，吹着海风，看海潮、鸟和海洋动物。

[斑驳的邮筒]
从小镇上这个斑驳的邮筒足可以看出历史的印迹。

早在 1887 年，为了方便法国贵族到索姆湾享受海水浴，从卡约到索姆湾的另一端勒克罗图瓦，修建了一条长达 27 千米的铁路。小火车一共有 3 种类型：蒸汽小火车、柴油小火车和自动小火车，每小时只开十几千米。据说其中有一个百年前制造的蒸汽火车头至今仍在运营，它们带领着游客悠闲地观赏沿途古镇、悬崖、森林以及滩涂变幻的风景。

摩尔斯莱班小镇

摩尔斯莱班小镇坐落在索姆湾中欧洲最高的 110 米白垩纪悬崖边，因此也被称作悬崖小镇，这是法国十大著名旅游景点之一。

整个小镇的大街小巷的墙壁上爬满了蔷薇，

花香弥漫，飘香四溢，小镇政府大楼前有一条通往白垩纪悬崖的台阶，可以沿着378级台阶攀爬，也可以直接开车或坐缆车前往崖顶。站在崖顶，可俯瞰小镇全景，悬崖、海滩、教堂、古堡、灯塔、积木房屋，使整个小镇充满一种浪漫气息。

[索姆湾小火车]

粗犷、简洁的卡约

卡约是索姆湾小火车的终点，这里和索姆湾的其他小镇没有太多区别，有法国北方独有的粗犷、简洁的石质海岸，海边只有一排小木屋供游客休息。来到卡约，一般都是为了观看海豹，这里的霍尔德角是观看海豹的最佳地点，旺季时，当地自发的海豹保护协会会在海湾的各个观测点派驻志愿者，阻止游客闯入海豹的栖息地。

索姆省以平原为主，局部略有起伏，索姆河发源于埃纳省，从东向西贯穿索姆省全境，流入碧卡地省索姆湾再流入大海，为法国北部拱卫首都巴黎的重要屏障，在军事上极具战略意义。

[白垩纪悬崖]

这座110米高的白垩纪悬崖几乎以90度垂直于海平面。站在崖顶上，让人心惊胆战。

[卡约]

[萌萌的海豹]

努瓦耶尔

索姆湾小火车连接索姆湾的两端——卡约和克罗图瓦，途经许多小村和小镇，其中最不能忽略的一个地方就是努瓦耶尔镇，这里是索姆湾小火车的中点，也是分界线，小火车会在这里掉头和换车头，然后再分别去往两个方向。

一进入小镇，就能陆续看到路上用法语和英语写的中国劳工公墓的路标指示牌。在离小镇不远处的奴莱特小村海边有 800 多座中国劳工的墓地，墓碑全部用中英文刻注，编有号码。“他们闭上了双眼，谦虚的墓碑不问谁的名字，只有回声响应我们的疑问。”这里埋葬着第一次世界大战期间因感染西班牙流感而死去的中国劳工。

[中国劳工公墓大门]

第一次世界大战结束后，英国军队在法国北部建立了十几个中国劳工公墓，其中最大的公墓埋葬了 843 人。墓园大门的两侧分别刻着“东土蔭，国殇名”几个字。

在法国，红色蔷薇表示“我疯狂地爱上你了”，白色蔷薇表示“爱情悄悄地萌发”。

[苦中作乐的中国劳工]

上了当的中国劳工

第一次世界大战由英国、法国、俄国为主的“协约国”对战德国、奥匈帝国、奥斯曼帝国为主的“同盟国”，当时协约国军队死伤连连，前线告急。1916—1918 年，英国、法国联合在上海劳工市场征募了 14 万中国青年，“从事工业和农业劳动，任何情况下都不参与军事行为”，年龄限在 18 ~ 40 岁，经挑选录取的青年来自天津、河北、山东农村，其中山东最多，单是威海就有 5.4 万人，个个身强力壮，这些人到达法国后，实际上成了领取最低工资的军队勤杂人员，属于苦役工兵。

这些上了当的中国劳工，在法国北方战场上面对噩梦般的现实，他们承受着超强的劳役，白天砍树、修车修路、装卸弹药、饲养军马、收埋尸体，晚上睡在潮湿阴冷的木棚，最后，14 万赴法中国劳工有 2 万多人丧生，1 万多人失踪，剩下 9.6 万多人战后顽强打扫欧洲战场，在满目疮痍中捡尸拾枪，在连连轰炸的战场长期超负荷工作，有人精神崩溃疯了，也有的积劳成疾死去，一场西班牙流感短时间内就夺取 3000 多名中国劳工的生命，埋葬在奴莱特小村的 800 多名中国劳工就是其中的一部分。

之后，大部分幸存下来的人陆续返回中国，但仍有约 3000 人选择留在了法国，他们大多留在了巴黎，住在里昂火车站附近，成为法国华人社会的最初组成部分。

看海潮抚慰下的圣山

圣米歇尔湾

这里有滚滚海潮，涨潮时淹没陆地，使圣山变为孤岛；退潮时沙地与岛屿相连，景色蔚然壮观，令人震撼。

圣米歇尔湾是法国布列塔尼和科唐坦的诺曼底半岛之间的一个小海湾，海湾内有两座花岗岩岛屿：托姆贝莱因和圣米歇尔山。

圣米歇尔山

托姆贝莱因是鸟类的聚集地，而圣米歇尔山在法国非常有名，西方甚至流行着一句“没到过圣米歇尔山就不算到过法国”的话。圣米歇尔山孤立于圣米歇尔湾之中，受到海洋潮汐作用，交替与大陆相连和隔断。每当涨潮时，圣米歇尔山就完全和陆地隔绝，成为真正的孤岛；当退潮时，海湾内的沙滩就会完全露出水面，又和陆地连成一体。

圣米歇尔山的面积很小，直径只有 1 千米，山也不高，但山顶的中世纪修道院却比小山要高出近两倍，因为这个壮观的景象，1979 年，这里被联合国教科文组织列入《世界遗产名录》。

[恍若仙境的圣米歇尔山]

沿着圣米歇尔山入口往里走，不过 100 米就进入修道院范围，换句话说，整个山体 9/10 属于修道院；上山其实就是上修道院“朝拜”。

此外，圣米歇尔山还有 4 个私人博物馆。

[圣女贞德雕像]

圣米歇尔山除了圣米歇尔山修道院（又名奇迹修道院）之外，还有很多大小不同的小教堂，这是一处小教堂门口的圣女贞德雕像。

[圣米歇尔山修道院]

不同于其他修道院那般“平铺直叙”，圣米歇尔山修道院如同迷宫一般重峦叠嶂，直至钟楼顶尖最高处。

1337—1453 年的英法百年战争中，119 名法国骑士躲避在圣米歇尔山修道院里，依靠围墙和炮楼，竟然抗击入侵的英军长达 24 年，因为每天潮水都会淹没通往陆地的滩涂，使得英军无法进攻，为法国骑士们赢来宝贵的休息时间。在整个英法百年战争中，圣米歇尔山也成为该地区唯一没有陷落的军事要塞。

因一场梦而忙活了 8 个世纪才完工的教堂

古时候，圣米歇尔山是凯尔特人祭神的地方。相传公元 708 年，阿夫朗什镇的主教奥伯特，梦见大天使米歇尔手指海湾内的岩石小岛，示意他在此修建教堂，奥伯特并未在意，但是接下来米歇尔连续三天出现在他的梦里，并在其脑颅上点开一个洞，奥伯特才恍然大悟，接受神意，在岛上最高处修建一座修道院，奉献给大天使米歇尔。此后，经过 800 多年时间，一直到 16 世纪，圣米歇尔山修道院群才算真正完工——因奥伯特主教的一场梦，让无数的建筑家和艺术家整整忙活了 8 个世纪。如今这里已成为天主教除了耶路撒冷和梵蒂冈之外的第三大圣地。

观潮

圣米歇尔湾的海水潮起潮落，1000 多年来无数的沙被冲向海湾，海岸线因此向西移动了约 5 千米，使得海湾的跨度变小了。1879 年，人们在圣米歇尔山与陆地之间修建了一条堤

[邮资片上虔诚的信徒穿越滩涂去往圣米歇尔山]

被人冠以“世界第八大奇迹”的圣米歇尔山是天主教除了耶路撒冷和梵蒂冈之外的第三大圣地，也是法国前总统密特朗所说的“法国的泰山”。1000 多年来，它傲然独立，凭海临风，睥睨大西洋海水的潮起潮落，接受着一代又一代信徒的顶礼膜拜。

[圣米歇尔山修道院]

圣米歇尔山的岩石、房舍、围墙、城堡和修道院组成的这个中世纪建筑群，将大自然的鬼斧神工与人类的智慧、毅力结合在一起，创造出了这个神圣而壮丽的奇迹。

[圣米歇尔山修道院的城墙]

随着岁月的推移，以及大量朝圣者的来访，圣米歇尔山修道院几经扩建翻修，最终成了今日的模样。该修道院拥有罗曼式、哥特式和火焰哥特式三种建筑风格，修道院顶上的金色大天使在阳光的照耀下显得分外夺目、耀眼。

坝，即便是涨潮也可以直接通过堤坝跨越海湾，到达圣米歇尔山朝拜或者在此观潮。

圣米歇尔湾向来以涨潮而闻名遐迩，最高潮与最低潮时的海平面落差高达 15 米。每年有两三次天文大潮，这时跨海堤坝也会被海水淹没，使圣米歇尔山再次成为孤岛，而此时的潮水也最壮观，激荡人心。圣米歇尔山更是人山人海，热闹异常。

观潮是圣米歇尔山的一大景观，几个世纪以来，圣米歇尔山傲然挺立，凭海临风，任凭潮涨潮落，历尽沧桑。

> 圣米歇尔是《圣经》中记载的主持战事的大天使长米迦勒，在中古世纪的宗教信仰中具有不可小觑的重要性，根据《圣经》中所说的，圣米歇尔曾经打败象征魔鬼的恶龙。

[圣米歇尔山]

退潮后，伫立于圣米歇尔湾海滩上的圣米歇尔山。

[小教堂]

圣米歇尔山西北角有一座立于礁石上的小教堂。

天堂失落的一块圣土

莫尔比昂海湾

这里完美地将碧绿的大海、多变的景致以及丰富的人文历史和谐相融，犹如一首古老的布列塔尼民谣，静静吟唱着这片古老大地上的传奇故事。

［莫尔比昂海湾内的众多岛屿］

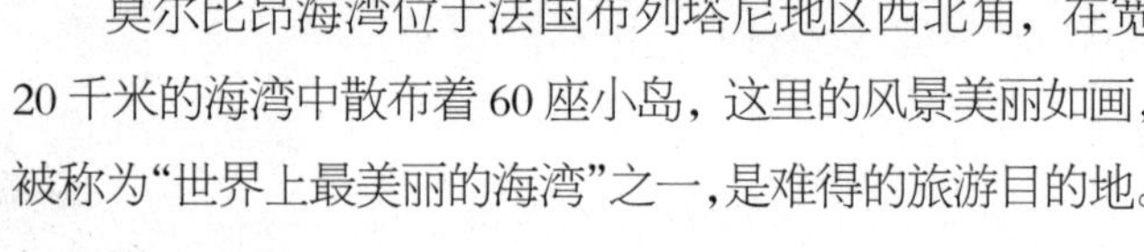

莫尔比昂海湾位于法国布列塔尼地区西北角，在宽20千米的海湾中散布着60座小岛，这里的风景美丽如画，被称为“世界上最美丽的海湾”之一，是难得的旅游目的地。

莫尔比昂这个名字来源于布列塔尼语，意思是“小海”。

美丽的传说

关于海湾中的岛屿，还有一个美丽的传说：相传，在布斯里昂德森林中有一群美丽的仙女，她们因美貌而遭到森林女神的嫉妒，被驱赶出森林，无家可归的她们来到了这里，便不想离去，流着泪把身上的花环抛了出去，仙女的眼泪成了这片海，而落入海中的鲜花立刻化为了星罗棋布的小岛，成了仙女们的新家。

［僧侣岛］

僧侣岛上的许多村庄具有近300年的历史。

天堂失落的一块圣土

莫尔比昂海湾中的小岛形状各异，岛上树木茂密，景色十分优美，但是大多数都属于私人所有。

海湾中最大且最具魅力的岛是僧侣岛，其长6千米，宽3.5千米，形状非常像一个十字架。岛上的居民主要从事捕鱼业和旅游业。

[阿尔兹岛]

僧侣岛东侧有一座名为阿尔兹的小岛，岛上有一座建于12世纪的罗曼式圣母院、14世纪的木刻以及16世纪的唱诗厅。

大约在9世纪，当时布列塔尼的国王将这座岛赐给了修道院，从此这里成了僧侣们生活、修行的地方，直到15世纪，岛上的生活环境变得恶劣，僧侣们才逐渐离开了小岛，如今这里还可以看到曾经的教堂和僧侣们生活过的痕迹。

18世纪时，僧侣岛成了一座军事岛，岛上建了军港、堡垒、灯塔等。如今，这座岛屿是一个有名的旅游胜地，这里气候温和，棕榈树、沙滩、溪流及树木茂密的小峡谷构成了一幅美丽的风景画，被人们赞为“天堂失落的一块圣土”。

布斯里昂德森林位于布列塔尼首府雷恩西南部，是一片面积约9 000公顷的古老的中世纪森林，迷雾重重的古森林经常让莽撞的背包客迷失其中，神秘古树与泉水仿佛又带着魔咒般让人不知身处何方，因此布斯里昂德森林又被当地人称为迷途森林或魔法森林，很多著名的欧洲神话传说便发生于此。

瓦讷

瓦讷是莫尔比昂海湾中的主要城市和枢纽港口，也是布列塔尼地区重要的观光城市，这里四季气候温和，阳光灿烂，风景明媚夺目，有“小地中海”之称。

被古城墙环绕的瓦讷老城中保存着许多古迹，如建于文艺复兴时期的圣彼得教堂、17世纪的宫殿、中世纪的城堡、18世纪的城门以及许多半木结构的房屋等，它们虽然饱经沧桑与战乱，依旧散发着独特的复古气质。

僧侣岛的西边是戈弗兰岛，岛上有更多布列塔尼地区最吸引人的史前石文化遗迹。

欧赖

欧赖也是莫尔比昂海湾中一个小巧精致的港城，不要看小城不大，它是赫赫有名的百年战争的战场之一。1364年9月27日，英法两国曾在这里爆发欧赖之战。如今，这里树木茂盛，棕榈树、含羞草、橄榄树、山茶等美不胜收，常能看见树林掩映着农舍，俨然就是童话中的故事场景。

在欧赖港，可以远观整个莫尔比昂海湾中的群岛争艳，也可以乘捕鱼的小船或观光的轮船穿梭于欧赖和瓦讷之间，沿途欣赏海湾美景。此外，还可以步行于欧赖的街道间，购买当地的特产或享用海鲜，到城内的艺术馆欣赏展览。

[圣彼得教堂]

沁入心扉的魔域美景

比斯开湾

这里有璀璨的阳光、绵延优质的沙滩、令人惊心动魄的绝壁、优雅的港埠城镇和魔域般的奇石怪岩，让人亦赞亦叹。

[比斯开湾美景]

比斯开湾位于北大西洋的东北部，介于法国西海岸和西班牙北海岸之间，略呈三角形，面积为19.4万平方千米，平均深度1715米，最大深度5120米。

沿海渔业发达

比斯开湾深海平原的深度约为4500米，面积约占海区总面积的一半。法国和西班牙两国有众多河流注入海湾，西班牙有比达索阿河、乌罗拉河、奈维安河、那隆河及帕斯河等；法国有卢瓦尔河、加龙河、多尔多涅河及阿杜尔河等，海水富含营养，沿海渔业发达，出产沙丁鱼、金枪鱼、鳀鱼、鳕鱼以及龙虾、牡蛎等。

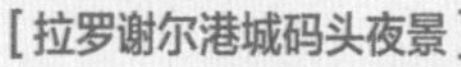

[拉罗谢尔港城码头夜景]

[桑坦德美景]

桑坦德位于西班牙北部海岸比斯开湾，是著名的桑坦德银行的发源地，该银行总部位于市中心海滨。

两国的众多港城

比斯开湾在法国布列塔尼半岛及法国西海岸的大陆架较宽，有160千米，而在西班牙北岸的大陆架不到56千米，整个海岸线东北部平直，多沙滩，有些沿海沙滩与岩石交替连接，适宜游泳和进行水上运动，而另一部分海岸线为陡峭的大陆坡和深海盆，整个海岸线在西班牙的部分相对比较优越，被视为黄金海岸。

在海岸线上分布着两国的众多港城，法国的有布雷斯特、波尔多、南特、洛里昂、巴约内和拉罗谢尔等；西班牙的则有毕尔巴鄂、圣塞瓦斯蒂安、桑坦德、希洪和阿维莱斯等。

整个比斯开湾的海岸线连绵不断，或是璀璨的阳光，或是洁白的沙滩，或是令人惊心动魄的绝壁，或是优雅

比斯开湾这个名字来自西班牙的比斯开省，整个海湾由西班牙一直延伸到法国，沿途有两国的众多港城。

[大教堂海滩]

大教堂海滩位于比斯开湾中西班牙的海岸，是西班牙被拍摄最多的海滩，它记录了百万年间海蚀悬崖的变化，有大量的拱门和洞穴，重现了一个自然之手雕琢出来的哥特式大教堂。

[阿尔尼亚海滩]

阿尔尼亚海滩位于西班牙的桑坦德附近，海滩以被延伸到海中的岩壁而著名，是一个沙子细腻的金色沙滩，被周围的绿色景观包围着。

[雷岛拱形桥]

雷岛位于法国西部比斯开湾中，是一座长达 3 千米的拱形桥，将雷岛和拉罗谢尔大陆连接起来。因为遍布岛上的白色房子和海岸线上的晒盐场，雷岛又被称为“银岛”。

比斯开湾南端在西班牙称为坎塔布里亚海，这是公元前 1 世纪时古罗马人根据附近的坎塔布里亚地区来命名的。

比斯开湾位于英吉利海峡和直布罗陀海峡之间，具有重要的战略地位。历史上这里是法国和西班牙对抗外敌的主要海上战场之一。

的港埠城镇，抑或是魔域般的奇石怪岩，它们在大自然美丽的背景下，和谐地点缀在比斯开湾的特殊地形上。

[博涯监狱]

法国人为了抵御来自英国长年不断的海上威胁，在拉罗谢尔外的比斯开湾内修建了一座防御堡垒，后来被改造成了一座军事监狱，用来关押政治犯。

拉罗谢尔

拉罗谢尔的意思是“小石头”，位于比斯开湾的法国部分，是法国著名的海港城市，也是法国本土大西洋沿岸唯一的海滨省会城市。几百年以前，阿基坦大公派人到此养殖牡蛎，由此声名大振，欧洲各地的王室贵族纷纷来此采购牡蛎，于是这个养殖牡蛎的地方渐渐地诞生了一座城市，被命名为拉罗谢尔。

拉罗谢尔拥有一个日进出 3000 艘游艇的码头，拥有发达的海上运动和旅游业，是世界上最大的游艇港、世界帆船锦标赛和奥运会帆船比赛的专用赛区，因此又有“帆船之城”的称号。这里受北大西洋暖流的影响，气候湿润温暖，是法国非常宜居的城市之一。

[布雷斯特]

拉罗谢尔拥有迷人的风光和悠久的历史，在大多数法国人的眼里，拉罗谢尔是一座拥有极大魅力的城市，有看不完的别致风景，逛不完的可爱小店，吃不完的美味海鲜，还有走不完的海滨沙滩，很多人不远千里、慕名前来探访这座美丽的小城。

[比斯开桥]

比斯开桥是毕尔巴鄂的网红打卡地，这是一座非常独特、没有桥面的桥，桥身下面悬挂着一个承载人员和车辆的大吊篮，通过滑轮和缆绳的牵引运送过河。这座桥是世界上第一座能够同时在吊篮内运送人员和车辆的桥梁，也是目前世界上唯一一座仍在使用的此类桥梁，它被世界遗产委员会誉为功能性和建筑美学的完美结合。

在古罗马的统治下，拉罗谢尔一度成为著名的葡萄酒和食盐的产地。该城市兼具迷人的风光和悠久的历史。

拉罗谢尔的水族馆是全欧洲最大的水族馆之一，也被认为是法国最美丽的水族馆之一。

布雷斯特虽然景点不多，但却是法国无数有趣的旅游景点之一，这里有很多搞怪的地名，如避孕套和裸体。

布雷斯特

布雷斯特地处比斯开湾北部入口处，位于布列塔尼半岛西端，是一座海港城市，也是法国西部最大的海军基地。

布雷斯特的战略地位非常重要，从罗马时期开始，这里就是著名的军事要塞，也先后成为英国和德国的军事要塞，整个港城在第二次世界大战期间几乎被摧毁，如今见到的城市是战后重建的。

布雷斯特不仅有古老的布雷斯特城堡、唐居伊塔、光复桥、军火库和暹罗街等景点，还有璀璨的阳光、优质的沙滩、惊险的峭壁和美丽的海岛等，是法国蔚蓝海岸之外的第二大海岸线，每年都吸引着大批的游客前来度假。

加兹特鲁加特岛

加兹特鲁加特岛位于西班牙北部海岸，是比斯开湾

[美剧《权力的游戏》中加兹特鲁加特岛的取景地]

加兹特鲁加特岛地处偏僻，游客却络绎不绝，这要归功于美剧《权力的游戏》曾在此取景。

内的一座小岩石岛。最早在10世纪左右，这里就成了海盗躲藏的地方。岛上山顶的平台处有一座建于11世纪的圣约翰教堂，教堂下有一条堤道和大陆连接。

整座岛屿的最高峰海拔仅79米，远看像一座城堡，是西班牙七大自然奇观之一，美剧《权力的游戏》的龙石岛就取景于此。

毕尔巴鄂

毕尔巴鄂是西班牙北部海岸的城市，位于比斯开湾

[走过有231级石阶的羊肠小道即可到达教堂]

[高峰处好像一座城堡]

的西班牙部分，整座城市分成新城和老城两个部分。

毕尔巴鄂始建于1300年，因优良的港口而逐渐兴盛，在西班牙称雄海上的年代成为重要的海港城市，17世纪开始日渐衰落。老城主要街道两旁的古典样式建筑，清晰地折射出曾经的辉煌与繁华。

毕尔巴鄂的新城与老城隔河相望，新城里的喷泉、雕塑、灯饰、游戏设施，甚至座椅、河岸的木制步道等都经过精心规划布置，让人体会到城市的细节。

[古根海姆博物馆]

古根海姆博物馆是毕尔巴鄂的标志，也是欧洲最重要的艺术博物馆之一，1997年刚落成就被赞誉为“一个奇迹”“世界上最美丽的博物馆”。

圣塞瓦斯蒂安

圣塞瓦斯蒂安是西班牙北部海岸的城市，濒临比斯开湾，距法国边境仅20千米，在靠近法国的山坡上有一座老城，山顶上有一座16世纪的古堡，新城则在山脚下，沿着河道两岸而建，一直延伸到比斯开湾海滨。

圣塞瓦斯蒂安有如画的海岸线，市中心有两个海滩，被誉为“欧洲最漂亮的沙滩”。这里是品尝巴斯克美食的最佳去处，以巴斯克菜肴、达帕斯和苹果酒而出名。它还是全球人均米其林星级餐厅最多的地方，西班牙的6家米其林三星餐厅中有3家坐落在此，因此被评为“全球十大美食城”之一。

圣塞瓦斯蒂安的街道很干净，视野很开阔，可以看到街尽头的山，建筑偏法式，雕花护栏很精致。

[圣塞瓦斯蒂安]

圣塞瓦斯蒂安是著名的“世界美食之都”，聚集着全西班牙最多、最优秀的大厨，是全球人均米其林星级餐厅最多的地方。

洒落在地中海的明珠
天使湾

这里是法国蔚蓝海岸最秀美的一段，有幽蓝的海水、鹅卵石铺成的海滩、低矮的岸堤和悠闲的海鸟，宛如洒落在地中海的明珠，是世界三大海湾之一。

[英国人林荫大道]

天使湾位于法国东南部尼斯市的地中海沿岸，紧邻英国人林荫大道，因形似天使的翅膀而得名。它属于普罗旺斯—阿尔卑斯—蔚蓝海岸大区，是法国蔚蓝海岸中最秀美的一段海岸线，也是世界三大海湾之一。

尼斯城大约建造于公元前350年，在10世纪的大部分时期，尼斯统治着周边城市；中世纪时期，它是热那亚的敌对方，法国和神圣罗马帝国都想征服它；13世纪和14世纪，尼斯几度成为普罗旺斯公爵的领地；之后的几百年，尼斯不停更换主人，1861年，撒丁首相加富尔伯爵牺牲了民族利益，把尼斯领地划给了法国，尼斯成为法国的领地，直到今天。

英国人林荫大道

尼斯和大部分欧洲城市一样，城内有城市广场和大量罗马风格的建筑，沿着老城街道一直走到南部，便是尼斯标志性的也是最有名的海滨散步大道——英国人林荫大道（盎格鲁大道），这条大道

[天使湾

[尼斯标志建筑]

长达 5 千米，有着优美的曲线，布满了鲜花和棕榈树，是 1830 年在尼斯居住的英国侨民为疗养病人募款修建的，大道一侧是鳞次栉比的艺术画廊、商店及豪华酒店，另一侧则是迷人的天使湾。

天使湾

天使湾三面环山，一面临海，海湾的大圆弧线几乎如圆规画出一般优美，两边的尖端呼应，像是两只伸出来拥抱大海的手，又像天使身上的两扇羽翼。这里的海滩特别美丽，没有细腻的沙，是鹅卵石铺成的，踩上去有些扎脚，却别有一番趣味。天使湾有幽蓝的海水，呈现明显的颜色变化，近处是白色的浪花，然后是浅蓝、天蓝、蔚蓝、湛蓝、紫蓝，一直过渡到海中心的深蓝，让人惊叹大自然的杰作。

[尼斯老城与新城]

尼斯新城在摩天轮背后，橘色屋顶处是老城。

[天使湾的鹅卵石海滩]

阳光与快乐之地

那不勒斯湾

这里以温暖的海风而闻名，即使在冬季也能吹出夏季般的暖风。此外，这里还有众多古城、古堡以及废墟，是一个探幽寻秘的好地方。

［油画：那不勒斯湾］

那不勒斯有一句广为流传的俗语："见过那不勒斯湾，死而无憾！"

［那不勒斯新堡］

新堡又名安茹城堡，在那不勒斯港不远的地方，是那不勒斯的地标建筑，城墙上4座圆筒形高塔和四周的护城河，是典型法式城堡的风格。新堡始建于13世纪，是当时统治这里的安吉文家族的官邸，15世纪时，阿拉贡家族加以重建。

那不勒斯湾又称那波利湾、库马努斯湾，是地中海所属的第勒尼安海东岸的半圆形海湾，位于意大利那不勒斯西南的米塞诺岬与坎帕内拉角之间。其宽16千米，长30千米。沿岸最大城市与港口是那不勒斯，还有维苏威火山和庞贝古城、赫库兰尼姆的遗迹，海湾入口处有卡普里岛、伊斯基亚岛与普罗奇达岛等风景区。

那不勒斯

那不勒斯位于那不勒斯湾的顶端，建于公元前600年，旧城称帕拉奥波利，公元前 326 年被罗马征服后建新城，改今名。这里一年四季阳光普照，当地人生性开朗，充满活力，善于唱歌，他们将那不勒斯的民歌传遍世界，那不勒斯因此被称为“阳光和快乐之城”，被认为是意大利的一颗明珠。

那不勒斯是意大利南部的第一大城市和重要海港，也是坎帕尼亚大区以及那不勒斯省的首府，城市面积 117 平方千米。其背靠坎皮弗雷格莱伊山，东面则是维苏威火山，是一座名副其实的艺术名城，兴衰交替的历史和数不胜数的文物，让那不勒斯成为世界级的考古典藏之地，是地中海最著名的风景胜地之一。

维苏威火山

维苏威火山是欧洲大陆唯一的活火山，位于那不勒斯湾东海岸，它也是世界上最著名的火山之一，被誉为“欧洲最危险的火山”，其海拔 1281 米，火山口周长 1400 米，深 216 米，基底直径 3000 米。

维苏威火山是那不勒斯湾的最完美背景，也是那不勒斯的象征，在历史的长河中，维苏威火山多次爆发，熔岩、火山灰、碎屑流、泥石流和致命气体夺去的生命不计其数。其中最

[那不勒斯国家考古博物馆]

那不勒斯国家考古博物馆虽然比不上卢浮宫、大英博物馆规模宏大，却是世界上最古老、最重要的考古博物馆之一。这里收藏了大量庞贝古城的考古资料与文物。

[古罗马最大的圆形露天剧场]

波佐利位于那不勒斯湾东北岸，东距那不勒斯 15 千米，是温泉疗养地与海滨游览地，有古罗马最大的圆形露天剧场。

[油画：喷发中的维苏威火山]

维苏威火山最近一次喷发是在 1944 年，此后它一直处在沉睡当中。

[卡普里岛美景]

有名的一次火山爆发是公元 79 年，摧毁了当时拥有 2 万多人的庞贝古城以及埃尔科拉诺、斯塔比亚等城市和周边的村庄，维苏威火山也因此成名，其雄伟的火山锥和具有荒野之美的风景，吸引了来自世界各地的游客。

卡普里岛

卡普里岛位于那不勒斯湾南部入海口处，其中间地势较低，四周环山，临海的一侧多为绝壁。

[庞贝古城遗址]

庞贝古城位于维苏威火山西南脚下 10 千米处，始建于公元前 6 世纪，公元 79 年毁于维苏威火山大爆发。但由于被火山灰掩埋，街道房屋保存比较完整，从 1748 年起考古发掘持续至今，为了解古罗马社会生活和文化艺术提供了重要资料。2016 年 6 月，庞贝古城被评为“世界十大古墓稀世珍宝”之一。

[情人石]

情人石也叫神仙石、法拉廖尼，由三块浮出水面的礁石组成，传说当船经过这三块礁石中间的那个石洞时，情人们相吻之后就会白头偕老。

据说，在远古时代，卡普里岛本来与大陆相连，后来由于陆地沉沦，被海水淹没。再后来，非洲大陆同欧洲大陆断裂，地中海的海水流入大西洋，使地中海水位下降，才露出了这座岩石岛。

卡普里岛属于石灰质地形，岩石峭立，易受海水侵蚀，所以岩石间形成了许多奇特的岩洞，尽显神秘与美丽，其中岛屿北部的蓝洞是岛上众多洞穴中最幽深、最神秘的一个。

[卡普里岛的蓝洞]

伊斯基亚岛

伊斯基亚岛是一座火山岛，位于那不勒斯湾西北入海口处，是那不勒斯湾内最大的一座岛，面积为62平方千米，海岸线漫长。

伊斯基亚岛形成于大约15万年前的一次火山喷发，这里的土壤肥沃，气候宜人，物产丰富，山清水秀，植被茂盛，所以被人们称为“绿岛”。岛上有丰富的天然温泉资源，早在古罗马时期，罗马人就已经在岛上的温泉中享乐了。此外，岛上还有众多美丽的海滩，离岛上还有公元前的防御工事遗迹和阿拉贡城堡等。

[阿拉贡城堡]

阿拉贡城堡是伊斯基亚岛最有名的地标建筑，建在圆形离岛（潮汐岛）上。

欣赏那不勒斯湾全景的最佳地点是圣艾莫城堡。在城堡上居高临下，所有风景一览无余。

[波塞冬温泉花园温泉池]

伊斯基亚岛上的温泉让无数游客慕名而来，波塞冬温泉花园是岛上最著名的温泉池，里面有 20 多个温度不同的室内和室外游泳池。

普罗奇达岛

普罗奇达岛是一座火山岛，位于那不勒斯湾西北入海口附近，在伊斯基亚岛和大陆之间，这是那不勒斯湾中最袖珍、最安静的一座岛。宁静的街道、色彩鲜艳的古建筑、紧邻大海的渔村、与地中海式建筑相得益彰的繁茂植被、波光粼粼的大海、美丽的海滨岩石，这些元素一起构成了普罗奇达岛不同寻常的风光，使它成为一座深受游客喜爱的岛屿。它也是许多电影的外景地，如《邮差》《天才雷普利》等影片中有大量的镜头是在这座海岛上拍摄的。

[普罗奇达岛美景]

白色之城与海洋的浪漫

博德鲁姆湾

博德鲁姆虽没有希腊圣托尼里岛的蓝顶教堂，但历史却赋予了这座小镇特殊的文化氛围。这里的海滩比土耳其其他地方的更加神秘优雅，从城中的大城堡到波光粼粼的码头，从鲜花盛开的咖啡馆和整洁的小巷，到任性闲逛的猫和狗，到处都透着悠闲的氛围。

[博德鲁姆湾美景]

博德鲁姆湾位于土耳其博德鲁姆半岛的南部海岸，爱琴海的最南端，处在爱琴海与地中海的分界线上，所以它也是地中海入口处的海湾。

[白色的麦当劳]

博得鲁姆到处都是白色的房子，就连红色主调的麦当劳在这里也不得不入乡随俗，外墙变为了白色主调，这是很少见的。

同一个海湾、同一片大海

在博德鲁姆湾的入口处有一座古堡——博德鲁姆城堡，登上古堡可俯瞰整个海湾，也可远眺沿海湾而建的博德鲁姆城，映入眼帘的是白墙蓝窗的房屋、

[博德鲁姆城堡]

蓝色的大海、纯净的天空，带给人一种希腊风情式的视觉美感，犹如复刻版的圣托里尼岛。

博德鲁姆是爱琴海边一座靠近希腊的小镇，因此这里的建筑有着浓郁的希腊风格，几乎每栋房屋都朝向海湾，而且几乎每座小楼都有观景阳台，每一条小巷的尽头都是同一个海湾、同一片大海。

艺术之城

博德鲁姆曾是一个避世一隅的小渔村，也是希腊“历史之父”希罗多德的出生地，而让这个小渔村被世人熟知的是那位被称为“哈利卡那索斯”的渔民作家（博德鲁姆古时被称为哈利卡那索斯），他因异见被流放至此，却很快爱上了这里，他在自己的文章中称这里为艺术沙龙，影响了许多知识分子、作家和艺术家，吸引他们纷至沓来，让这个小渔村变成了一个富有浓郁艺术气息的小城，他的塑像至今还能在海边的广场上看到。这里如今仍然是土耳其有名的艺术家云集之地，在他们的影响之下，博德鲁姆形成了一种昼静夜欢的生活方式。每当夜幕降临，博德鲁姆就开始变得热闹起来，餐厅、酒吧、夜总会、迪厅等任何一处都可以让人一直玩到天亮。

博德鲁姆的物价很低，商业氛围也不浓，没有写满促销信息的广告牌，更没有大声呼喊招揽客人的店员，有的只是美景与实惠。

[亚马逊族女战士浮雕]

大理石雕成的亚马逊族女战士与希腊人战斗的场景浮雕，如今保存在大英博物馆。

[摩索拉斯陵墓辉煌的样子]

[摩索拉斯陵墓遗址]

摩索拉斯陵墓

公元前 370 年左右，博德鲁姆名为哈利卡那索斯，是当时波斯帝国卡利亚的首府，摩索拉斯是当地（卡利亚地区）的总督，他在此地修建了城墙、公共建筑、造船厂和运河等。公元前 353 年摩索拉斯逝世，他的遗孀为纪念他而建造了一座高达 41 米、外墙壁雕刻花纹的白色大理石陵墓，称为摩索拉斯陵墓，被认为是"古代世界七大奇迹"之一，英语中的"陵墓"（mausoleum）一词即源自摩索拉斯的名字。

摩索拉斯陵墓毁于公元 3 世纪的一次地震，但是依旧耸立在博德鲁姆土地之上。古代作家常说摩索拉斯陵墓像银白云团高悬在城市上空。15 世纪初，十字军为了在博德鲁姆湾建造圣彼得解放者城堡，就将陵墓的石材及陵墓内外的装饰物都拆了下来，作为圣彼得解放者城堡的建筑材料，使摩索拉斯陵墓的地上部分全部消失，成为遗迹。

圣彼得解放者城堡即是如今的博德鲁姆城堡，是 15 世纪十字军东征时期的典型建筑，目前该城堡包括周围的 5 座塔楼，已全部被改造成了博德鲁姆水下考古博物馆。博德鲁姆城堡是博德鲁姆城厚重历史的象征，它孤单地伫立在爱琴海的蔚蓝海湾之中，与各式各样价值不菲的游艇相伴。

[博德鲁姆城堡斑驳的城墙]

历史与文化交汇之处

桑坦德湾

它位于西班牙的北部，历史厚重但不单调，气候清爽又不至于寒冷，海鲜肥美且价格宜人，是一个很小、很安详的地方。

[桑坦德港口]

桑坦德自古以来就是一个重要的海港城市，工业也很发达，更以避暑胜地而闻名于世。

桑坦德湾位于伊比利亚半岛北部、马约尔岬之南，是一个深入桑坦德市南部内陆的海湾，并有通道与北部有名的比斯开湾相通。

桑坦德史前就有人类居住

桑坦德是西班牙坎塔布里亚的首府，也是一个知名的港城，全球知名的桑坦德银行便发源于此，马格达莱纳半岛作为屏障，将桑坦德湾与比斯开湾隔开。这里的经济以炼铁、造船和渔业为主。

大约 11 000—17 000 年前就有人类在伊比利亚半岛活动，在其后的数千年里，凯尔特人、罗马人、哥特人、迦太基人、

2016 年 2 月 15 日，西班牙邮政发行一枚邮票，纪念桑坦德大火 75 周年。这枚邮票面值为 1.15 欧元，发行量为 22 万枚。

桑坦德博物馆收藏了大量史前人类的器具。

[桑坦德湾美景]

[马格达莱纳宫]

如今，马格达莱纳宫是梅嫩德斯·佩拉约国际大学的总部所在地。

阿拉伯人纷至沓来，给整个半岛带来灾难的同时，也带来了各种文化，留下了不少文化特色鲜明的建筑。桑坦德也因此被影响，被誉为“西班牙知识和文化界的夏都”。1941 年 2 月 15 日凌晨，桑坦德发生大火灾，在大风助势之下，连烧 15 天，几乎将全城焚毁，大量古迹被毁，如今仅存的古迹中最有名的就是马格达莱纳宫。

马格达莱纳宫

马格达莱纳宫位于马格达莱纳半岛上，是桑坦德市最具象征意义的建筑，也是西班牙北部民用建筑最杰出的例子之一。

[桑坦德大教堂]

桑坦德大教堂建于 13 世纪，由两座教堂组成，其中一座地势较高，在 14 世纪作为修道院使用。因大火焚毁而在 1941 年进行了重建。另一座结合了罗马和桑坦德当地的建筑风格。

[阿方索十三世]

阿方索十三世(1886—1931 年在位)，西班牙国王，阿方索十二世的遗腹子。他统治时期发生的最重要事件是美西战争。在这场灾难性战争中，西班牙被新兴强权国家美国彻底击溃，丧失菲律宾和所有美洲领地。1931 年西班牙爆发了革命，阿方索十三世被迫退位并逃亡，在流亡生涯中于罗马逝世。

马格达莱纳宫修建于 1908 年，是一座宏伟且风格不拘一格的宫殿，曾是西班牙国王阿方索十三世的行宫，他和家人几乎每年都在这里度过夏天。1941 年的大火之后，马格达莱纳宫幸存下来，成了桑坦德的瑰宝，其伫立在桑坦德湾马格达莱纳海滩悬崖边，成为当地的标志性风景，西班牙电视剧《浮华饭店》曾在此取景。

马格达莱纳海滩

桑坦德湾漫长的海岸线上有众多的海滩，如危险海滩、骆驼海滩、马格达莱纳海滩等，其中最有名的就是马格达莱纳海滩，它是一个仅有约 1000 米长的金色小海滩，不仅沙滩绵软、阳光充足、海水清澈见底，而且无风无浪，是有名的蓝旗海滩，因此吸引了众多游客来此度假游玩。

为了安全起见，马格达莱纳海滩游泳区被浮标封锁。路标每天指示安全隐患。水中的平台专为游泳者休息和享受日光浴而设计。

蓝旗海滩是由欧洲环境保护教育协会（简称 FEE）颁发的。蓝旗是被广泛认可的生态标志，嘉奖高度重视环保的海滩和港口。

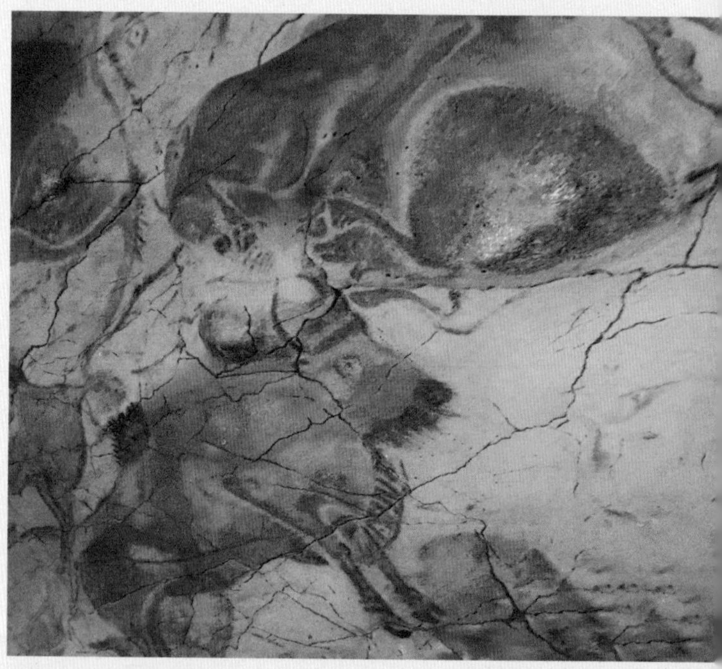

[阿尔塔米拉洞窟壁画]

阿尔塔米拉洞窟被誉为史前的“西斯廷教堂”，地处桑坦德湾附近，据考据在距今 11 000 ~ 17 000 年前就有人居住，270 米深的洞窟内保留有大量的壁画和一些古代符号等。现在洞窟不对外开放，观众需要提前预约。

[危险沙滩]

这个海滩虽然叫作危险海滩，但对海滩上的游玩者来说，不仅不危险，而且很安全，原因是这里的海滩比较平缓，周边行船很容易在海滩上搁浅，所以危险只是针对行船的。

[骆驼沙滩]

这是桑坦德湾中的一个小海滩，海滩边的水中有一块岩石露出水面，形如一头骆驼。

现实中的天空之城

金角湾

在落日余晖中，眯着眼睛打量这座城市，那些红屋顶、清真寺、横卧海峡的大桥、飘着星月旗的高塔都镀上了一层亦幻亦真的金色。

[金角湾美景]

图中最高的建筑是加拉太塔，这里曾经是热那亚人的据点。

在土耳其伊斯坦布尔博斯普鲁斯海峡西侧的欧洲部分，有一个从马尔马拉海伸入欧洲大陆的天然峡湾，其长约7千米，形状像一只细长的羚羊角，将伊斯坦布尔的欧洲部分一分为二，这个峡湾便是金角湾，它也是世界上首屈一指的优良天然港口之一。

[大巴扎]

这是一个大集市，就好像我国各地的百货城，又有点像各种集市，和上海老城隍庙市集一样，吃喝拉撒一条龙，应有尽有。

位置重要

金角湾是一个狭长的水域，曾是拜占庭帝国北部的重要屏障，也是海军和海洋贸易的基地，北岸山坡最高点加拉太塔上有拜占庭帝国的盟友热那亚人的堡垒。

1453 年，奥斯曼帝国 30 万大军，从三面围困君士坦丁堡，久攻不下，其重要原因是加拉太塔的堡垒阻挠，加上金角湾东部水路加拉太大桥的位置，被拜占庭帝国海军拉起了一条坚固的铁链，封锁了进入金角湾的唯一通道。

后来，奥斯曼帝国收买了热那亚，成功地绕过了加拉太塔，大军进入了金角湾，突然兵临城下，随后水陆并进，终于攻破君士坦丁堡，并将此城改名为伊斯坦布尔，而金角湾成了伊斯坦布尔重要的海军及商业据点，是伊斯坦布尔港口的主要部分。如今的金角湾是伊斯坦布尔最著名、最动人的海湾，其两岸则是伊斯坦布尔著名的观光景点。

[加拉太塔]

交通要道

如今要想到达伊斯坦布尔，金角湾依旧是非常重要的交通要道，游客可以通过水路从金角湾登陆，或者干脆选择乘坐游船往上游探索金角湾以及伊斯坦布尔的风光，也可以选择乘坐电影《东方快车谋杀案》中的火车——东方快车，绕伊斯坦布尔的海边城墙缓缓而行，最后再回到金角湾上岸。这里的火车从金角湾启程，除了发往伊斯坦布尔，还驶向维也纳和巴黎。

[圣索菲亚大教堂]

观光景点众多

金角湾平静得像一条蓝色丝缎，大大小小的船只随意地洒在海面上，船头朝向四面八方，还有一些掩藏在几座新旧不一的桥身下，给人一种错落有致的美感。

金角湾及其两岸依然保留着许多拜占庭帝国、奥斯

[蓝色清真寺]

蓝色清真寺原名苏丹艾哈迈德清真寺，是伊斯坦布尔最大的圆顶建筑，庞大而优雅。由苏丹艾哈迈德一世于1609年开始修建，历时7年建成。该寺墙壁自其高度1/3以上，使用了土耳其瓷器名镇伊兹尼克烧制的蓝彩釉贴瓷（共21 043片），在太阳光线的反射下，整座清真寺呈现蓝色光彩，故称“蓝色清真寺”。

曼帝国时代的木房子，还有加拉太塔、圣索菲亚大教堂、蓝色清真寺、苏莱曼清真寺、大巴扎、香料市场、横跨欧亚大陆的欧亚大桥、加拉太大桥、美丽的公园和浪漫的滨海大道等著名观光景点。

最美的夕阳

日落时分，金角湾的天空呈现一种灰蓝色，波光粼粼的海水如同蓝色涂料，深沉内敛。海风吹拂，尖声鸣叫的海鸥不时掠过水面，打破了空气中的安详，时间仿佛在金角湾忽然慢了下来。

在落日余晖的逆光里，可以看到很多清真寺，无论是廊柱还是内外墙面，都贴满了漂亮的蓝白色瓷砖，寺内宣礼塔的唱经声，混杂着远处轮船的汽笛声。金角湾的迷人之处不仅仅是古老的建筑和历史，还有一种生活的态度，让人情不自禁就爱上它。

[加拉太大桥]

金角湾上横架着三座大桥，从入海口上行分别是加拉太大桥、阿塔图尔克大桥和老加拉太大桥。金角湾上的加拉太大桥也是最繁忙的大桥之一，电车、汽车、人流从早到晚都很多，桥边还有很多钓鱼客，桥下是吃美食的地方，也是欣赏夜景的好去处。

[金角湾的落日余晖]

南北极篇

最接近天堂的地方

天堂湾

这里的海洋平静得像一面巨大的时空之镜，远处的雪山与蓝天、白云、阳光共同装扮着这个童话世界。如果说真的有天堂，那么这里一定是最接近天堂的地方。

[天堂湾冰川]

天堂湾是南极的一大特色，这里水面平静，风浪极小，海水透明度非常高，经常会举行冰泳活动，一个猛子扎入冰凉的海水里，那感觉爽爆了。

天堂湾位于南极半岛，四面环山，只有一条狭长的埃雷拉海峡通往湾内，对面是帕默群岛。它是南极半岛最著名的景点之一，也被认为是南极半岛最美的地方。

平静如镜

南极洲孤独地位于地球的最南端，95% 以上的面积被厚度极高的冰雪所覆盖，酷寒、烈风和干燥是南极洲的气候特点，全洲年平均气温为 −25℃，内陆高原平均气温为 −52℃左右，极端最低气温曾达 −89.2℃，植物在这样的环境下难以生长，只能偶尔见到一些苔藓和地衣等。

天堂湾在这样的环境中显得非常安静，海面没有一丝微风，湾内水面平静，

[天堂湾美景]

上面点缀着或大或小的冰川碎块，悬崖处栖息着蓝眼鸬鹚，还有很多巴布亚企鹅在这里繁衍生息。

[废弃的捕鲸船]

天堂湾在历史上一直是捕鲸船的避风港，在有关南极的书籍中，总少不了关于它的传奇故事。捕鲸曾经是早期人们为获取高额利润，使用工具捕杀鲸提炼鲸油而采取的一系列活动。如今捕鲸已被禁止，但在南极一些岛屿上仍有当年所残留的船只及鲸骨。

悲剧的阴影

阿根廷科考站坐落在峡湾最好的位置上，只不过被烧毁后废弃至今。相传，在那里发生过一件让人揪心的事：当时该科考站随队医生回国的机会被同伴顶替，而他则需要在科考站继续工作一年，该医生的精神立刻崩溃了，当天深夜一把火将科考站点着了。事过境迁，这里的废墟仿佛还在提醒着人们，任何人的精神都会在极端环境下变得脆弱不堪，尽管南极风景如画，来到天堂湾的人也都能感受到这片地区超乎寻常的宁静。但除了宁静之外，南极最可怕的还是南极大

[阿根廷已经废弃的科考站]

1951 年阿根廷建立的“布朗海军上将站”，但已经被废弃多年，只有紧急情况时才会启用。

[毁于大火的阿根廷科考站]

[金图企鹅]

如今阿根廷废弃的科考站已经被企鹅占据，成为它们的巢穴，这些企鹅群落中最多的就是金图企鹅。

金图企鹅的学名是巴布亚企鹅，又名白眉企鹅，体型较大，身长 60 ~ 80 厘米，重约 6 千克，眼睛上方有一个明显的白斑，嘴细长，嘴角呈红色，眼角处有一个红色的三角形，显得眉清目秀。因其模样憨态有趣，有如绅士一般，十分可爱，因而俗称“绅士企鹅”。

[天堂湾冰川]

陆的风，它们来得毫无征兆，能瞬间将温度降低 20 度，直接击垮一个内心脆弱的人。

企鹅的天堂

相对于人类来说，成群结队的企鹅仿佛才是这里的主人，它们或是成双成对地在冰面上晃来晃去，或是一头扎进海水中戏水玩耍。这些呆萌的企鹅还会好奇心作祟地面对镜头，摇摇摆摆地凑上来东瞅瞅西望望，有时啄啄游客的相机或衣角，一点也不怕人，这里可以说是企鹅的天堂。

[天堂湾懒散的海豹]

海洋生物众多

天堂湾不仅有企鹅，还有海狮、海豹和海狗等。海豹总是一副懒洋洋的模样，挺着鼓鼓的“啤酒肚”，袒胸露乳地躺在海滩或冰床上晒着太阳，面对拍照的游客，它们与企鹅不同，连眼皮都懒得抬一下。海狗在游客靠近时会非常敌视，虽然它们的体型较小，但是却非常凶猛，总是露出尖牙，装作要咬人的样子，不过只要游客一拍手，它们就会退到一边去。除此之外，天堂湾的海面上还有各种各样的海鸟，海水中则有悠然游弋的蓝鲸们。

恍如人间仙境

坦纳根海湾

这里有蔚为壮观的山峰、丰富的野生动物、大规模的入海冰川和惊天动地的巨浪，让人不禁感叹造物主的神奇。

[恍如人间仙境]

坦纳根海湾位于美国阿拉斯加州中南部最大的城市安克雷奇的西南方，是阿拉斯加海湾入口处的一个小海湾。

[观鲸点指示牌]

每年夏季都会有白鲸在坦纳根海湾出没，运气好的话可以看到它们。

高潮排浪

大部分海湾都是相对宁静的，坦纳根海湾则完全不同，尤其是在涨潮时，这里的海浪滔天，后浪推前浪，海浪以每小时 16 ~ 20 千米的速度翻滚着从水面上跃起，浪头一个高过一个，最高时能达到 3.5 米，这就是世界闻名的高潮排浪景观。

[美丽的海湾]

[海湾冰川上的海鸟]

摄于 19 世纪 90 年代

摄于 2005 年

[NASA 公布的谬尔冰川变化情况]

美国国家航空航天局（简称 NASA）是美国联邦政府的一个行政性科研机构，负责制定、实施美国的民用太空计划与开展航空科学暨太空科学的研究。

阿拉斯加海湾是世界九大著名海湾之一，位于美国阿拉斯加州南端，介于阿拉斯加半岛与亚历山大群岛之间，为北太平洋自然条件较好的海湾之一，其沿岸分布着安克雷奇、西厄德、瓦尔德兹和科尔多瓦等良港，是美国宣布战时必须要控制的第一个海上航道咽喉。

不能融合的海水

阿拉斯加海流从东南方流入，呈逆时针方向旋转，因受加拿大西北岸和阿拉斯加温和气候的影响，呈现暖流特征，海水温度超过 4℃。由于进入海湾的海水密度关系，两片海不能融为一体，坦纳根海湾的海面上呈现两种颜色，形成了著名的海水分层景观。

恍如人间仙境

坦纳根海湾有阿拉斯加海湾中最常见的冰川美景，在绵延起伏的楚加奇山脉的衬托下，整个海湾变得格外迷人，甚至连海中的白鲸也会因被美景吸引而跃出海面，同时观景的白鲸也成了风景。在坦纳根海湾常能看到架着相机的摄影师、拿着望远镜的游客，他们在耐心地等待着白鲸跃出水面的那一刻，这一切又成了别人的风景，风景和看风景的人成了一幅画，置身其中，恍如人间仙境。

散发着难以抗拒的魅力
威廉王子湾

这里有独特的自然景观，充满了野性，散发着让人难以抗拒的魅力，众多的冰川、冰原让这里的一切都似乎有了晶莹剔透的灵魂。

威廉王子湾位于基奈半岛以东，被钟克山脉从东、北和西三面围绕，海湾宽 145 ~ 160 千米，海岸线长约 5000 千米，高达 80 米的哥伦比亚冰川从海湾的北部注入大海。1778 年，英国航海家乔治·温哥华来到此地，以英国国王乔治三世的第三子、后来的英国国王威廉四世的名字命名此海湾。

[乔治·温哥华]

乔治·温哥华（1757—1798 年），英国皇家海军军官，航海家，以对北美太平洋海岸的勘测活动而出名。为了纪念他的功绩，北美太平洋西北地区多处地方以其名命名，包括温哥华岛和两个温哥华市（一个位于卑诗省，另一个则位于华盛顿州）等。

瓦尔迪兹港城

瓦尔迪兹是威廉王子湾畔的港城，也是美国阿拉斯加州最重要的港口城市，这个城市不大，只有几条主干道，人车也很少。这里是美国下雪最多的城市，年降雪量达 7.62 米，但是因为受沿岸阿拉斯加暖流的影响，整座港城四季皆可游玩，绮丽的自然风光和刺激的户外探险让其显得别具魅力。

[瓦尔迪兹周围的冰峰]

1964 年，瓦尔迪兹曾发生一场里氏 9.2 级的史上最强地震，将瓦尔迪兹以西 72 千米内的一切夷为平地。地震引起海床滑移，城市的一部分坍塌入海，掀起 9 米高的海啸，扫荡了整座小城。之后，人们发现瓦尔迪兹建在一片极不稳定的地质构造层上，只好忍痛放弃旧城，在 6 千米外重建了家园。

惠蒂尔

惠蒂尔是一座小港城，位于美国第二大国家森林公园——楚加奇国家森林公园内，即威廉王子湾最北部的深处，是一个只有 200 人左右的小镇，却是世界上最奇特的小城。

说它奇特，是因为小镇上几乎所有的人都住在一栋 14 层高的贝吉奇塔楼内，更让人惊奇的是，整个小镇几乎所有的公共设施都在这栋大楼里，如市政府、邮局、学校、医院、警察局、教堂、餐厅，甚至还设有旅店等。一栋楼就是一个镇，这是世界上绝无仅有的。

[威廉四世]

威廉四世，大不列颠及爱尔兰联合王国和汉诺威国王（1830—1837 年在位）。他生活在改革年代，能力相对平庸，但心肠慈善，是个朴素的绅士，被人们亲切地称为水手国王，也是最后一个兼任汉诺威国王的英国国王。

贝吉奇塔楼的前身是一座军营， 第二次世界大战时，惠蒂尔因常年海水不冻，所以被美国陆军选中，建立了军事设施，包括港口和铁路，并命名为苏利文营地。1943 年，连接苏利文营地的阿拉斯加铁路修建完成，第二次世界大战结束后，惠蒂尔成了一个重要的港口。1956 年，贝吉奇塔楼完工；1960 年后，惠蒂尔不再需要军队驻扎，因此美军撤离了苏利文营地。

由于惠蒂尔港口在冬天时的降雪量非常大，天气状况极其恶劣，分居四处的居民出门办事非常不便，因此小镇居民经过讨论后，全都搬进了被放弃的贝吉奇塔楼！

惠蒂尔拥有优良的深水不冻港，加上有铁路和公路与 96 千米外的阿拉斯加最大的城市安克雷奇连接，因此成了一个货运和客运的重镇，这里

丰富的野生动物和自然美景更是受到人们的青睐，每年仅是路经此处的游客就高达70 万人。

[成为废墟的巴克纳大厦]

惠蒂尔镇中被军队废弃的大楼除了贝吉奇塔楼之外，还有另一座主要建筑物——巴克纳大厦，它曾经是阿拉斯加最大的建筑物。于 1953 年竣工，被称为“同一屋檐下的城市”，巴克纳大厦却未能成为一座城市，而最终被废弃了。

学院峡湾

威廉王子湾有 5400 多平方千米的广阔水域，遍布着经过 1500 万年冰河运动形成的小岛及峡湾，有些峡湾的水深达几百米，在这些峡湾中最具特色、最漂亮的就是学院峡湾。

从惠蒂尔的冰河游船码头出发，通过威廉王子湾的西门户，向东行进，再往北便可到达长约 40 千米的学院峡湾。

学院峡湾包含了 5 条海岸冰川和 5 条大的山谷冰川，另外还有十几条小冰川。峡湾东侧的这些冰川大多以美国常春藤学院联盟中的大学校名命名，如哈佛和耶鲁等；峡湾西侧的冰川多以 19 世纪著名的女子学院命名，如卫斯理和史密斯等。

学院峡湾是威廉王子湾中观看冰川最理想的地方，不仅可以同时观看到多条冰川，而且还可以看到冰川崩裂的壮观场景。

[崩裂的冰川]

[学院峡湾]

在学院峡湾的冰河游船上，还能喝到船员们将打捞上来的冰川崩裂的浮冰打碎后调制的冰啤和咖啡，这种将凝聚万年时光的冰川冰水一饮而尽的快感是别处无法体验到的。

[沿岸冰川]

冰川犹如一道琉璃冰墙矗立在岸边，时不时有部分坍塌入海，轰起一片雪雾。

神奇的生物天堂

威廉王子湾不仅有奇特的小镇、壮观的峡湾，还有美国境内保护最完好、面积最大、最原始的水域海洋生态系统，为各种野生动植物提供了一个营养丰富的环境，水下有多种鱼类聚集，如鲑鱼、岩鱼和鳕鱼等，还能观看到海獭、白腰鼠海豚、麻斑海豹、海狮、座头鲸和虎鲸等；在海岸边的岩石上有超过 1 万只鸟类栖息，如常见的海鸥和海鸬鹚等。

此外，威廉王子湾还有北美最北的雨林系统，起伏的群山里面生活着多种多样的野生动物和鸟，海中的鱼类和雨林中的果酱又成为棕熊和黑熊的食料。

威廉王子湾是绝佳的垂钓胜地，多种鱼类在此聚集，可钓到鲑鱼、岩鱼、鳕鱼以及最常见的大比目鱼。

[威廉王子湾水上戏耍的海狮]

[丰富的海洋生物]

独特的极地海洋小气候

福斯塔湾

这里是有实物记载的人类最早开拓南极这块神秘大陆的地方，也是探险家们最理想的探险天堂。

［福斯塔湾海面上的奇石］

福斯塔湾位于南设得兰群岛和南极半岛附近的一座活火山岛——欺骗岛中。20 世纪初，有几个捕鱼人曾迷失在大雾中，偶然发现这座岛，可海水一涨，岛又不见了，于是有了“欺骗岛”“迷幻岛”“幽灵岛”的名字。

欺骗岛是远古冰川纪时期，因南极海底火山喷发而形成的一座黑色火山岩小岛，它是南极洲的活火山之一，其形如一个 12.8 千米宽、盛满海水并有缺口的大碗（或者说是马蹄形、戒指型、“C”型），四周是群山，中间是直径约 16 千米的一个内海，由一个称为海神风箱的狭窄海口和外部的大海相通，是一个天然的避风港。

[欺骗岛]

曾经捕鲸和捕猎海豹的地方

福斯塔湾被发现后，一直是南极捕鲸和捕猎海豹的绝佳地点。1918 年，英国海军占据了这里，在福斯塔湾中的一个小海湾——鲸鱼湾中大肆捕鲸，炼制鲸油。截至 1931 年，英国人在此炼制了 360 万桶鲸油。第二次世界大战期间，欺骗岛和福斯塔湾曾作为英国的军事基地。之后，离南极最近的阿根廷人和智利人来到了这座岛屿，再后来西班牙人也来到了这里，纷纷在岛上建立起科考站，主要监测火山活动和研究海洋底栖生物。

[海神风箱]

通过海神风箱便可以进入福斯塔湾内，它是一个非常狭窄且常年刮大风的入口，入口处宽约 200 多米，而实际上船只只有大约 100 米宽的有效通行空间，需要十分精准的定位才能安全通行。

南极唯一且天然的海水温泉

南极被称为“世界寒极”，这里已记录到的最低温度为 −89.6℃。年平均气温约为 −25℃。但是，福斯塔湾却是一个打破人们认知的地方。

[被欺骗岛环抱的福斯塔湾]

因为欺骗岛是由火山喷发形成的，而福斯塔湾的北端更是靠近火山口，蕴藏了丰富的地热、温泉资源，气温可能会达到 40℃，水温更是会达到惊人的 70℃，是南极唯一且能够进行天然海水温泉浴的旅游胜地。

[曾经保存鲸油的罐子]

岸边的大铁家伙就是当年的炼油炉，一排排废弃的大油桶就是保存鲸油的罐子。

真实的神奇事件

1967 年 12 月 4 日，福斯塔湾北端火山爆发，炽热的岩浆从海底喷出，射向几百米高空，然后坠落，岛上几乎所有的建筑物瞬间都被摧毁，智利、阿根廷和英

欺骗岛火山在 18 世纪和 19 世纪特别活跃。在 1906—1910 和 1967—1970 年的两个短时期内也发生了喷发。

在福斯塔湾游泳、享受温泉时需要注意：北端温度较热，最高达到 70℃，但是另一端却是极寒之地，所以需要选择合适的区域下水，免得被烫伤或冻伤。

[挖个坑就能泡温泉]

在海湾北端火山岩形成的海滩上随便挖个坑，就会涌出温泉水。

鲸鱼湾是在 1930 年前后废弃的，包括个头最大的蓝鲸在内，一共有记载宰杀了 3000 多头鲸，在岸边不远处如今还有两处鲸的墓地。

[当年的捕鲸场面]

[福斯塔湾海滩]

关于欺骗岛名称的由来，还有另外一个故事：相传 1820 年 11 月 15 日，美国一个叫纳撒尼尔·帕尔默的捕海豹的人，发现了这座岛屿，这座看似与普通小岛无异的海岛，通过一条狭窄入口进入后别有洞天，于是将它命名为欺骗岛。

国三个国家的科考站化为灰烬。此外，还有挪威的一座鲸加工厂和英国的一架直升机被熔浆吞没。然而神奇的是，岛上的企鹅和海豹却仿佛预知到火山爆发一样，早已提前离开，未有损伤。

如今，火山活动使福斯特湾内的地势迅速上升，湾内多处温泉喷涌，陆上地热带处处有水汽升腾，并且存在着长期的地热活动区域，被列为具有火山喷发危险的活动火山口。

[帽带企鹅]

生活在欺骗岛的企鹅是帽带企鹅，这是南极半岛最大的种群，共有超过 10 万对育种的企鹅。

独特的极地海洋小气候

贫瘠火山斜坡、热气腾腾的海滩和覆盖着火山灰层的冰川，在地热作用下，形成了独特的极地海洋小气候。

福斯塔湾除了海洋中有鲸和海豹等海洋生物之外，陆地的地热区生长着独特的植物群落，有最大的南极珍珠草群落，还至少长有 18 种在南极其他地方未记录过的珍稀植物——苔藓或地衣，除此之外，岛上还生存有 9 种海鸟和南极半岛最大种群的企鹅等。

福斯塔湾如今成了南极洲游客最多的景点之一，在这里除了可以享受在温泉中游泳和海浴、欣赏极地风光和荒废的科考站遗迹外，还可以学习火山知识、研究地热活动、观看鲸和海鸟等。